# 卷首语

有人说材料的进步在一定程度上决定了建筑形式的发展，比如2008年的中国，国家大剧院、"鸟巢"、"水立方"等令世界瞩目的建筑除了在空间、造型方面给人以震撼外，还通过材质及构造的变化带给建筑与城市全新的面貌。正如瑞士建筑师赫尔佐格与德梅隆（Herzog & De Muron）所说："……不管我们用什么材料来建造建筑，我们的主要目的是在建筑与材料之间寻找一个特别的相遇，材料是在诠释建筑而建筑……"。材质，作为一种表现手法在建筑设计中逐渐得到体现和认可。

本期《住区》的主题便取名"材质与建筑"，以"不锈钢"为例集中探讨。本世纪不锈钢的发明，无疑把现代材料的形象和其在建筑应用中的卓越声誉集于一身，为建筑师更加充分地发挥他们的奇思妙想提供了可能。不锈钢是一种寿命长、维护率低、颇具成本效益的材料。无论从外观形态、结构形式，抑或可持续性能，都对建筑设计产生了巨大的影响，成为现代建筑变革的重要因素。本期《住区》从不同层面，详细介绍了不锈钢的出众性能及建筑实践。

目前，在世界大同的环境中创造多样性的建筑并保持自己的独创性成为建筑师必须面对的问题。地方性材质的挖掘、地方性工艺的运用及地方环境的研究，都成为建筑师的手段之一。建筑的多样性价值，不应只体现为"过去时态"、"完成时态"的理论体系、鲜明结论与风格流派，它更应成为"进行时态"、"未来时态"的无穷灵感之源。我们今天研究材料对建筑的影响，强调的不仅是其对设计形式上的冲击，更多的是探索精神和随之而来的创造性与多样性。

此外，聚焦最根本的居住问题，《住区》仍将关注点放在了保障性住房。当今社会，经济和生态正发生着巨大变化。虽然真正的建筑变革还未成熟，但我们毕竟已看到了其转变的先兆。落实在住宅层面，针对低收入社会群体的保障性住房，已经不能被界定为解决居住的低标准住房。毋须讳言，当前中国的社会住宅还存在着许多问题。但同时我们又欣喜地发现，一批建筑师开始思考并着手探索其出路，探索用最简单的语意来回答现时社会给我们的挑战。因此，我们希望通过对"2008年全国保障性住房设计方案竞赛"的深入报道，对住房保障体系的建立与完善起到一定的推动作用。

图书在版编目（CIP）数据

住区.2008年.第6期/《住区》编委会编.
—北京：中国建筑工业出版社，2008
ISBN 978-7-112-10508-3
Ⅰ.住... Ⅱ.住... Ⅲ.住宅-建筑设计-世界
Ⅳ.TU241
中国版本图书馆CIP数据核字（2008）第 177047 号

开本：965×1270毫米1/16　印张：7/2
2008年12月第一版　2008年12月第一次印刷
(17433)
定价：36.00元
ISBN 978-7-112-10508-3

中国建筑工业出版社出版、发行（北京西郊百万庄）
各地建筑书店、新华书店经销

利丰雅高印刷（深圳）有限公司制版
利丰雅高印刷（深圳）有限公司印刷
本社网址：http://www.cabp.com.cn
网上书店：http://www.china-building.com.cn

版权所有　翻印必究
如有印装质量问题，可寄本社退换
（邮政编码 100037）

# 目录

## 特别策划 — Special Topic

**05p.** "2008年全国保障性住房设计方案竞赛"
——访中国建筑学会秘书长周畅
"On 'National Social Housing Design Competition 2008'"
An Interview with Mr. Zhou Chang, Chief Secretary of Architectural Society of China
《住区》
Community Design

**08p.** 2008年全国保障性住房设计方案竞赛获奖作品选登
Selected Works of National Social Housing Design Competition 2008

## 主题报道 — Theme Report

**18p.** 永恒的不锈钢建筑
The Everlasting Stainless Steel Architecture
凯瑟琳·奥斯卡
Catherine Houska

**22p.** 不锈钢引发的设计形态变化
Design Transformation under the Influence of Stainless Steel
凯瑟琳·奥斯卡　柯克·威尔逊
Catherine Houska and Kirk Wilson

**30p.** 不锈钢在建筑中的应用
The Application of Stainless Steel in Buildings
范肃宁
Fan Suning

**34p.** 不锈钢的可持续性优势
The Sustainable Advantages of Stainless Steel
凯瑟琳·奥斯卡
Catherine Houska

**40p.** 新英格兰水族馆——美国马萨诸塞州波士顿
Aquaria of New England-Boston, Massachusetts, USA
国际镍协会
Nickel Institute

**42p.** 新加坡赛马会——新加坡克兰芝
Horse-Racing Club of Singapore-Kranji, Singapore
国际镍协会
Nickel Institute

**44p.** 彼得·B·里维斯大楼——美国俄亥俄州克利夫兰
Peter B Lewis Building-Cleverland, Ohio, USA
国际镍协会
Nickel Institute

**46p.** 汉特美国艺术博物馆——美国田纳西州查塔努加
Hunter Museum of American Art-Chattanooga, Tennessee, USA
国际镍协会
Nickel Institute

**48p.** 摇滚音乐博物馆——美国华盛顿州西雅图
Rock Music Museum-Seattle, Washington, USA
国际镍协会
Nickel Institute

**50p.** 第一加拿大广场大楼——英国伦敦
The First Canadian Square Mansion-London, UK
国际镍协会
Nickel Institute

**52p.** 大卫·劳伦斯会议中心——美国宾夕法尼亚州匹兹堡
David Lawrence Conference Center-Pittsburgh, Pennsylvania, USA
国际镍协会
Nickel Institute

**54p.** 千年公园云门雕塑——美国芝加哥
Cloud Gate Sculpture at Millennium Park-Chicago, USA
国际镍协会
Nickel Institute

## 本土设计 — Local Design

**58p.** 鲁能三亚湾新城高尔夫别墅一期
Golf Villas in Sanya Bay New Town by Luneng Group
张晔
Zhang Ye

**70p.** 世界岛之澳洲岛
Austrilian Island in World Island Project
张晔
Zhang Ye

**78p.** 杭州中浙太阳·国际公寓设计
Design of Sun International Apartment Building in Hangzhou
肖蓝
Xiao Lan

**84p.** 广东东莞市天娇峰景
Tian Jiao Feng Jing Project, Dongguan, Guangdong
加拿大CDG国际设计机构
Canada CDG Design International

# 住区
COMMUNITY DESIGN

## CONTENTS

### 人物访谈 — Interview

86p. 这个行业使我有种优越感
——对话邱慧康
*This Profession Gives Me A Feeling of Superiority*
*Interview with Qiu Huikang*
《住区》
*Community Design*

### 大学生住宅论文 — Papers of University Students

90p. 旧城区商住集合体设计
——华中科技大学建筑学院住宅课设置
*Collective Housing Project Mixed with Commercial Use in Traditional Urban Area*
*Housing Course of School of Architecture, Huazhong University of Science and Technology*
彭 雷
*Peng Lei*

91p. 旧城区商住集合体设计
——基于建筑地形学的设计思考
*Collective Housing Project Mixed with Commercial Use in Traditional Urban Area*
*Design Thinking Based on Topography*
顾 芳
*Gu Fang*

94p. 旧城区商住集合体设计
——适应性·集合·开放建筑
*Collective Housing Project Mixed with Commercial Use in Traditional Urban Area*
*Adaptability, Collectiveness and Open Architecture*
刘碧峤 张彤彤
*Liu Biqiao and Zhang Tongtong*

97p. 旧城区商住集合体设计
——复杂·差异·多样
*Collective Housing Project Mixed with Commercial Use in Traditional Urban Area*
*Complexity, Variation and Diversity*
夏 露
*Xia Lu*

### 居住百象 — Variety of Living

100p. 国内外工业化住宅的发展历程（之二）
*The Path of Industrialized Housing (2)*
楚先锋
*Chu Xianfeng*

### 住宅研究 — Housing Research

106p. 点式网络化的开放空间系统
——浅谈高密度城市空间策略之一
*Open Space System Based on Spot-like Network*
*A Strategy on High Density Urban Space*
叶 红
*Ye Hong*

110p. 历史文化村镇中的基础设施和公共服务设施问题
——以河北省蔚县上苏庄村为例
*Infrastructures and Social Services in Historical Village Preservation*
*A Village Survey*
王韬 邵磊
*Wang Tao and Shao Lei*

### 资讯 — News

117p. 深圳"新地标"——京基金融中心
*New Landmark of Shenzhen-Jingji Financial Center*

封面：弗兰克·盖里设计的彼得·B·里维斯大楼细部（照片提供：印尼斯·马拉）

---

中国建筑工业出版社
联合主编：清华大学建筑设计研究院
深圳市建筑设计研究总院有限公司
编委会顾问：宋春华 谢家瑾 聂梅生
顾云昌
编委会主任：赵 晨
编委会副主任：孟建民 张惠珍
编委：（按姓氏笔画为序）
万 钧 王朝晖 李永阳
李 敏 伍 江 刘东卫
刘晓钟 刘燕辉 张 杰
张华纲 张 翼 季元振
陈一峰 陈燕萍 金笠铭
赵文凯 胡绍学 曹涵芬
董 卫 薛 峰 魏宏扬
名誉主编：胡绍学
主编：庄惟敏
副主编：张 翼 叶 青 薛 峰
执行主编：戴 静
执行副主编：王 韬
责任编辑：王 潇 丁 夏
特约编辑：胡明俊
美术编辑：付俊玲
摄影编辑：陈 勇
学术策划人：饶小军
专栏主持人：周燕珉 卫翠芷 楚先锋
范肃宁 库 恩 何建清
贺承军 方晓风 周静敏
海外编辑：柳 敏（美国）
张亚津（德国）
何 崴（德国）
孙菁芬（德国）
叶晓健（日本）

理事单位：上海柏涛建筑设计咨询有限公司
建筑设计咨询：澳大利亚柏涛（墨尔本）建筑设计有限公司中国合作机构
理事成员：何永屹

中国建筑设计研究院
理事成员：胡海波

北京源树景观规划设计事务所
R-Land
北京源树景观规划设计事务所
理事成员：胡海波

澳大利亚道克设计咨询有限公司
DECO
澳大利亞道克設計諮詢有限公司
DECO-LAND DESIGNING CONSULTANTS (AUSTRALIA)

北京擅亿景城市建筑景观设计事务所

Beijing SYJ Architecture Landscape Design Atelier
www.shanyijing.com  Email:bjsyj2007@126.com
理事成员：刘 岳

华森建筑与工程设计顾问有限公司
华森设计
HSARCHITECTS
理事成员：叶林青

# 特别策划
## Special Topic

## 2008年全国保障性住房设计方案竞赛
### National Social Housing Design Competition 2008

为贯彻《国务院关于解决城市低收入家庭住房困难的若干意见》（国办发[2007]24号）的通知精神，切实解决城市低收入家庭的住房困难，使全社会共享改革开放的成果，中国建筑学会与住房和城乡建设部保障司于2008年在全国范围内开展以"面向低收入居民的保障性住房"为主题的设计竞赛。本次竞赛共评选出一等奖2项，二等奖5项，三等奖10项，优秀奖43项。

本次竞赛将视点对准低收入的社会群体，经济适用房面积控制在60$m^2$左右，廉租房面积控制在50$m^2$以内，是一种政策导向。廉租房、经济适用住房决不是低标准的简陋住房，它应该是面积适度，功能合理，设备设施齐全的住房，并且尽可能应用成熟且价格适当的先进技术，同时还应与当地居民的生活习俗，地区的地理、气候条件以及建筑文化密切结合，从而创造出在品质上为广大群众喜爱，在经济上又能被接受的上乘住宅产品。

2008年全国保障性住房设计方案竞赛评审结果

| 奖项 | 作品 | 单位 | 作者 |
| --- | --- | --- | --- |
| 一等奖(2项) | "模"方 | 北京市建筑设计研究院 | 孙石村 王鹏 |
| | 平凡一生 | 上海中房建筑设计有限公司 | 欧阳康 濮慧娟 |
| 二等奖(5项) | 民居·庭院·住宅 | 南京大学建筑规划设计研究院<br>南京工业大学建筑与城市规划学院 | 倪蕾 胡振宇 |
| | 基本住宅 | 同济大学城市规划与建筑学院 | 黄一如 贺永 张春华 吕瑶 徐燕宁 周翌 |
| | 立体街区 | 杭州市华清建筑工程设计有限公司 | 范国俊 |
| | 北方高层廉租房建筑设计 | 中国建筑设计研究院 | 陈霞 潘磊 赵钿 |
| | 低公摊的经济 高标准的适用 | 中山市建筑设计院有限公司 | 张玲 梁宇凌 熊阳槐 |

# "2008年全国保障性住房设计方案竞赛"
## ——访中国建筑学会秘书长周畅

"On 'National Social Housing Design Competition 2008'"
An Interview with Mr. Zhou Chang,
Chief Secretary of Architectural Society of China

《住区》 Community Design

中国建筑学会秘书长周畅

社会住房一直是《住区》关注的焦点问题之一，在得知"2008年全国保障性住房设计方案竞赛"后，《住区》在第一时间采访了其主办单位——中国建筑学会的周畅秘书长，以下是这次访谈的记录。

**住区：中国建筑学会发起这次保障性住房设计竞赛的背景是怎样的？**

周畅：中国整个房地产市场对于保障性住房设计的关注与社会实际需求还存在一定的差距。在房地产发展的主要领域商品住房中也存在一定的误区，一是面积过大，二是标准过高，不太符合当下的国情。当然，这部分高档住宅有其特定的消费群体，但是脱离了普通老百姓尤其是低收入家庭的消费能力。近年来，建设部出台了很多政策以扭转这个趋势，例如2006年的《关于调整住房供应结构，稳定住房价格的意见》，在调控房地产市场方面做了很多工作，也取得了一定的成效。

在2002年，中国建筑学会举办了国内首次面向中低收入者的经济适用房设计竞赛，得到了建设部的大力支持。宋春华理事长担任了评委会主席，很多部内领导担任了评委。在当时社会普遍关注高档商品住宅的情况下，建筑学会投入资金和精力举办这次公益性设计竞赛的目标就是为中低收入家庭设计适宜的住房，推出好的经济适用房设计作品，从而指导中国经济适用房的设计。这是中国建筑学会配合国家政策和建设部部署举办的一次活动，其征集的方案水平很高，得到了建设部及社会各界的认可。在此成果基础上出版的《全国经济适用住宅设计方案选》成为了国内此后进行经济适用房设计的重要参考。

去年，国务院再次提出房地产市场的宏观调控，通过了《国务院关于解决城市低收入家庭住房困难的若干意见》，特别将解决城市低收入家庭的住房问题作为一项重要的任务。配合该政策，中国建筑学会筹划并发起了这次全国保障型住宅的设计竞赛。

**住区：这次竞赛对于参赛方案的具体要求是什么？**

周畅：这次竞赛进一步聚焦于低收入家庭的住房设计问题，目标人群由上一次的中低收入家庭转变为低收入家庭。根据政策规定，我们为保障型住宅制定了两个面积标准：廉租房建筑面积控制在50m²以内，而经济适用房的建筑面积标准则为60m²左右。参赛的设计方案应遵循以下几项重点原则：一是要以解决低收入家庭居住困难为基础；二是要充分考虑代际关系和居住行为；三是要重点解决住宅的使用功能和空间的组合；四是要严格控制面积标准。总而言之，要住得下，分得开，面积不能超标，而基本的生活需求都要满足。此外，设计要有创新精神，注重新的理念和设计方法，以人为本，注重居住形态，改善广大城市低收入家庭的居住方式和居住质量。此外，设计方案要满足建设部提出的住宅建设"四节"的要求，尽量考虑利用自然条件，解决采光、通风等问题，并应有较高的科技含量，响应国家生态住宅、绿色住宅的号召。

每个方案要有相同数量的图纸，在一个标准下进行比拼。必须满足设计要求，而且要特点突出，同时具备可推广性和可实施性。参赛者可以是建筑师、高等院校师生等，基本不受任何限制。

竞赛要达到的目的是：方案应该具备可操作性，对中国的保障性住宅设计具有指导意义，并能推动中国保障性住房的建设。因此，这次竞赛评选出来的获奖方案在稍加修改完善后，基本上都可以马上投入实际运用。

**住区**：本次设计竞赛的效果如何？

**周畅**：这次竞赛的报名时间是2008年3月30日到5月30日，截稿日期是8月30日。竞赛一共收到了1000多份报名表，但是"5.12"汶川大地震的发生，使许多建筑师、建筑设计单位与高校的精力都投入到了抗震救灾和灾后重建的工作中去。即使如此，到截稿日，我们仍然收到了来自29个省市自治区、138个设计单位和高等院校的394个参赛方案，是近年来规模最大的一次全国设计竞赛，说明了整个社会对于保障性住房问题的关注和支持。从这些方案中，我们评选出了一等奖2名、二等奖5名、三等奖10名和优秀奖43名。

这次竞赛得到了中华人民共和国建设部和国际建筑师协会的支持，与建设部住房保障与公积金监督管理司合作开展。评委会由中国建筑学会理事长、中国房地产业协会会长、原建设部副部长宋春华先生担任主席，包括13名建设部领导和国内一流的专家。建设部有关部门领导称赞这次活动很有意义也非常成功，对于保障性住房，国家和建设部已经有了宏观政策，但具体到设计方案尚缺乏指导性。这次竞赛的方案基本上涵盖了全国所有地区，照顾到了地域特点，形式上既有现代也有传统风格，有高层建筑也有多层建筑，量大面广，形式多样，因此值得充分肯定。

**住区**：您认为近年来出台的新的保障性住房政策，例如《国务院关于解决城市低收入家庭住房困难的若干意见》，对于廉租房和经济适用房的设计带来了哪些影响？

**周畅**：从这次竞赛来看，《国务院关于解决城市低收入家庭住房困难的若干意见》对于保障性住房的设计具有重要的指导意义，决定了我们努力的方向和目标。在此政策下，保障性住宅的供应量增加了，要求也提高了，大家均盼望着好的保障性住房的户型和方案，能够指导各地的保障性住房建设。同时，新的政策要求我们向全社会提供在有限的空间内保证生活舒适性的廉租房和经济适用房设计方案，这次竞赛便给大家提供了如何实现这个目标的样板，也为《国务院关于解决城市低收入家庭住房困难的若干意见》提供了实实在在的基数上的支持。

**住区**：这次竞赛的获奖项目相比以往的廉租房、经济适用房设计表现出了哪些新的特点？

**周畅**：这次竞赛表现出来的特点有以下几个方面。第一，参赛人员多、数量多、范围广；第二，方案水平普遍较高，图纸深度和表现形式都有了很大的提高；第三，方案都符合保障性住房的要求；第四，方案可实施性强，基本上可以直接使用；第五，方案对城市和乡镇住宅都有所考虑，高层住宅和多层住宅都有；第六，体现了现代的设计思想和建立节约型社会的"四节"目标。

从设计方案表现出的特点来看，首先，其必须严格遵循面积标准。面积指标的核查和筛选是评审的第一步，超出面积标准的方案都会被别除，所以获奖方案都完全满足面积要求。其次，获奖方案虽然住宅单元的面积小，但是非常舒适，居住品味并不低。再次，获奖方案都能够满足家庭人口变化带来的需求，可以按照家庭不同阶段的人口和居住需求做出变化，适应性、可塑性很强。最后，获奖方案均具有经济性。例如有的方案仅使用一个模数、一种板型就解决了所有问题，非常简洁，可预制可现浇，可分可合，灵活而简便。即使在乡镇地区，没有复杂的施工机械的条件下，也能够进行建设，具有很高的推广价值。

**住区**：按照政策要求，廉租房的建筑面积应控制在50$m^2$之内，经济适用房面积控制在60$m^2$左右，那么不同家庭人口结构的问题在设计方案中是如何解决的？

**周畅**：这次设计竞赛的获奖方案在符合政策要求的同

时，将家庭结构的变化和使用要求的变化都已考虑进去。在设计方案中，分隔墙、结构形式、开门开窗的位置等元素都是可以改变的，以满足家庭人口结构变化的要求。甚至在一套住房中，在家庭成员少的时候有一个房间可以作为厅来使用，在人口增加后可以方便地增加一道分隔墙，就可以从一室一厅变化成两个卧室的住宅。总之，因为低收入者一般很难有二次置业的可能性，所以灵活性是我们设计竞赛中注重的一个关键因素。

*住区：生态节能住宅实际上更加符合保障性住房低运营成本的要求，因此竞赛要求中提出了"四节"的要求，但是这也有可能提升住宅的单位成本。您对于这个问题有什么看法？*

周畅：这次我们竞赛的绝大多数方案，尤其是获奖方案，都合理地考虑了采光、通风和节能的要求。举个例子，两个一等奖方案围护结构的体型系数都是较小的，一方面节约了结构成本，对于住宅保温和节能也有很大的好处。它们使用的全部都是被动式、适宜性节能技术，没有额外的节能设备成本。

*住区：获奖项目如何在全国进行推广？如何对应地域和经济水平差别的问题？*

周畅：在评委会方案讨论之前，就已经确定了一个原则，即一定要让获奖的项目可以在全国得到应用和推广，这是我们举办设计竞赛的一个前提。所以，最终评选出来的方案都是可以在全国应用的，考虑了地方性和经济性的要求。由于对经济性的要求特别高，因此以使用成本高昂的复杂技术来换取舒适性的方案基本上都被淘汰。尤其是这次的两个一等奖方案，在全国各地都可以使用，适应性非常强。

*住区：请您谈谈中国建筑学会对于建筑师积极参与保障性住房设计的看法？建筑师在发展保障性住宅的政策中如何定位其角色？可以发挥哪些作用？*

周畅：中国建筑学会是我国建筑界最高的权威学术机构，自1953年成立至今55年的历史中一直为我国的经济建设发挥着重要的作用，是政府和建筑科技人员之间的桥梁和纽带，因此建筑学会有责任也有义务为国家的宏观经济政策、为建设部的大政方针做出具体的工作，在学术界发挥应有的作用。因此，为经济适用房和廉租房而组织的种种相关活动都表明，中国建筑学会愿意配合国家政策，在给老百姓提供住房上做出贡献。这也是学会多年来一直坚持的方针——凡是给老百姓及低收入群体做的事情都会积极参与。而且，学会组织的相关活动均坚持学术性第一、科技含量第一，这也保证了竞赛的权威性和公信力。

我认为建筑师在保障型住宅的政策下可以做很多工作，很多建筑大师都热衷于住宅设计，而且得到了社会的承认。我国也有很多建筑设计界的老前辈，比如戴念慈先生就倾注了很多心血研究住宅问题。因此，我认为在这个时代，建筑师应该拿出更多的精力从事保障性住宅的设计工作，以使低收入家庭能够在有限的面积内、有限的投资下住上比较舒适的住宅。我个人一贯的思想便是应该为普通老百姓服务，研究保障性住宅的户型、面积、舒适性、地域因素、科技含量等问题，而不能只盯着豪宅、别墅与高档社区的设计。把大众住宅做好，并不比设计公共建筑的成就低。因为有面积、标准、造价等多方面的限制，以及地域性和节能性的要求，做出好的设计方案需要更高的设计水平。

*住区：对于保障性住房设计领域，中国建筑学会近期还会有哪些行动？*

周畅：我们准备将这次保障性住房设计竞赛的获奖作品结集出版，向全国进行推广，为全国各地，特别是设计能力比较薄弱的地区的保障性住宅建设提供解决问题的权威方案。同时，我们还准备将获奖方案提交建设部和有关部门，从而进一步推广，真正有力地推动保障性住房设计。

# 一等奖 "模"方

北京市建筑设计研究院：孙石村 王 鹏

"模"——模块化设计，可自由组合，适用于不同地块要求；便于建立统一标准化体系，便于政府估价和成本核算，满足廉租房建设要求。

方——以5400mm×8000mm的长方形为基本结构单元，最大限度地解放内部空间，为适应不同的居住人群提供可能，同时也为单元与单元之间的自由组合创造条件。

"模"方＝魔方——将模块作为一个主体，进一步细分为玄关、起居、餐厅、卧室、厨房、卫生间、淋浴间、洗衣间、洗脸间、储藏空间、交通空间等12个功能块，将其自由交叉组合，在二维（平面）、三维（空间）、四维（时间）上实现空间的复合利用，在有限的面积下获得最大化的使用面积。通过对主体功能块的拉伸、变形、置换等手法，适应不同的组合体组合方式。

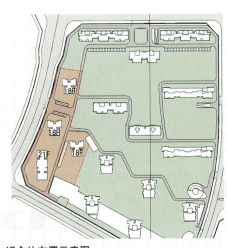

组合体布置示意图

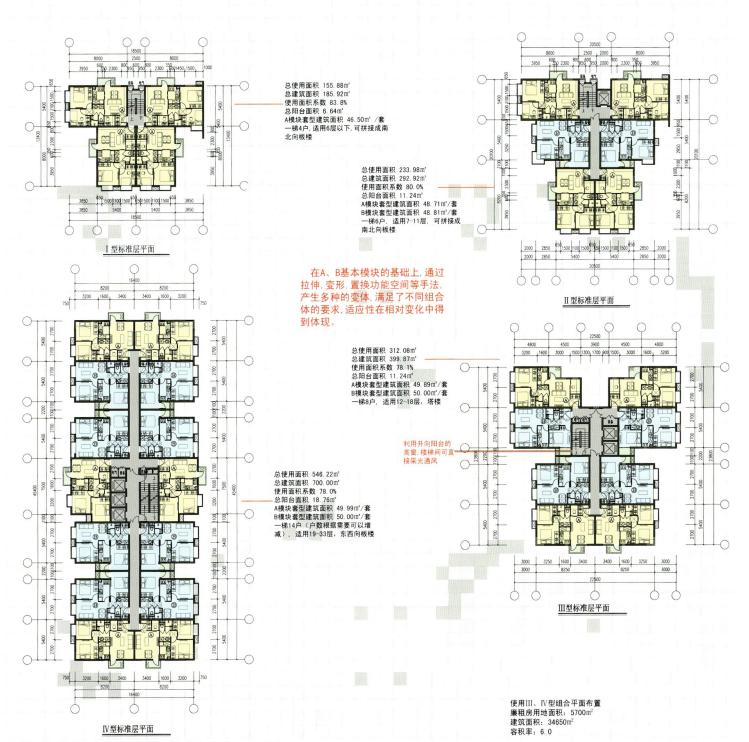

# 一等奖 平凡一生

上海中房建筑设计有限公司：欧阳康 濮慧娟

当前设计的小面积住房随着时间的推移，会成为落伍的"动迁户"，还是依然可称为小康型甚至是舒适性住宅——这是衡量此方案优劣的重要标准之一。

### 住宅与一生同时变化

方案试图通过分隔墙的改变，适应"平凡一生"中不同人口结构的居住需求：即从快乐单身"自由型"→二人世界"温馨型"→三口之家+老人或保姆"紧凑型"→三口之家"小康型"→子、女成人后又回归到二人相依"舒适性"。

### 功能伴随一生合理

随着人口和户内空间的变化，住宅始终保持着动静分离功能合理，自然通风，日照充足的明显优势。

### 节地节能一生得益

方案外形简洁，进深适宜，厨卫集中，利于节地、节能。太阳能热水系统结合坡顶设计，外墙外保温和节能门窗，空调管线的隐蔽设计以及节水器具雨水回收，透水地面等成熟技术的应用使居民得益一生。

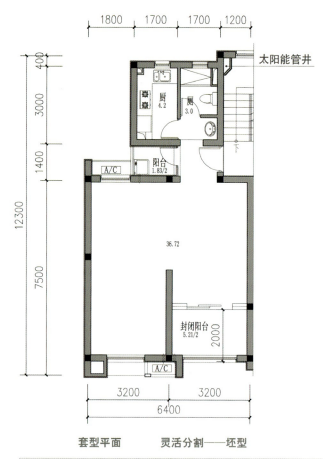

套型平面　　灵活分割——坯型

| 套型建筑面积：62.93 m² | 套内使用面积：47.44 m² |

（面积以分户墙中心线计）

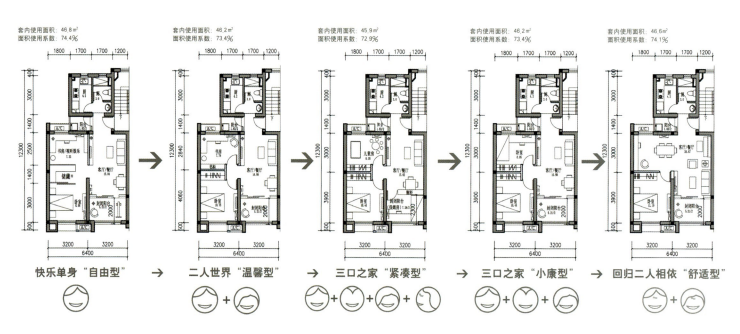

快乐单身"自由型" → 二人世界"温馨型" → 三口之家"紧凑型" → 三口之家"小康型" → 回归二人相依"舒适型"

单元组合平面 灵活分割——坯型　　　剖面　　　侧立面

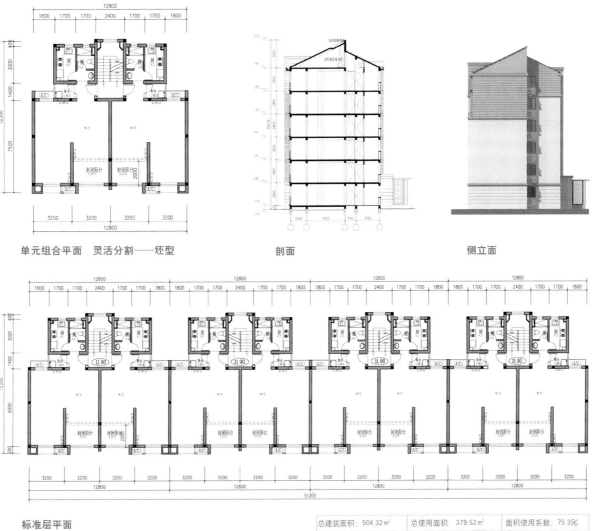

标准层平面

总建筑面积：504.32 m² ｜ 总使用面积：379.52 m² ｜ 面积使用系数：75.3%

# 二等奖 民居·庭院·住宅

南京大学建筑规划设计研究院
南京工业大学建筑与城市规划学院

倪 蕾　胡振宇

**发扬传统**：北京四合院等传统民居中，庭院被广泛应用，它是中国古代建筑的灵魂。本方案将传统民居街坊空间程序引入现代住宅群设计中，以四合院为核心组成院落组合体，又以街巷为纽带把一组组院落组成有机整体。

**节省土地**：院落组合体南低北高，层层退进，既组成庭院，又减少间距，增大进深；同时楼梯间两旁采用跃层式，大大缩小面宽，土地利用率优于6层条式住宅。

**多元可变**：单元多样，满足不同需求。需要时A和B单元及A'和D单元可设计为两代居。

**融入自然**：庭院尺度宜人，以十字路一分为四，各块绿地设小品；交叉中心设水井，汲取徽州民居"四水归堂"之意，并可集雨水；庭院、退台花园、道路绿化形成立体绿化环境。

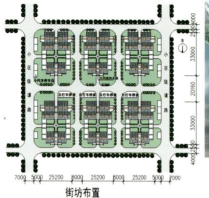

街坊布置

鸟瞰图

# 二等奖 基本住宅

同济大学城市规划与建筑学院：黄一如 贺永 张春华 吕瑶 徐燕宁 周翌

在套内空间有限的条件下，独立居室在数量上历时性变化的可能性是决定套型使用可持续的关键因素。本方案回归居住问题的本质，将就寝空间作为设计的核心和出发点，充分考虑住宅套型对家庭结构变化的适应性。通过仔细推敲开间进深尺寸及开窗位置，设置可灵活分隔的大开间结构，采取多种空间分隔方式，利用餐起合一、中西厨分离、卫生间干湿分离等，既增加了有限空间的通透性，又保证了各项使用功能的基本舒适性；通过精细化和净尺寸模数化的设计方式，建立起与住宅产业化之间的桥梁。

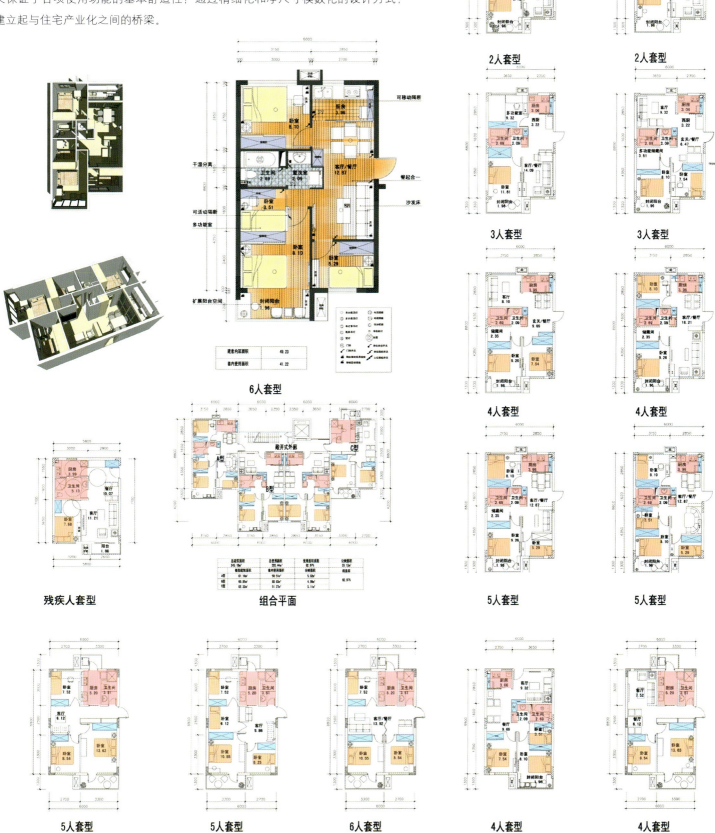

# 二等奖 立体街区

杭州市华清建筑工程设计有限公司：范国俊

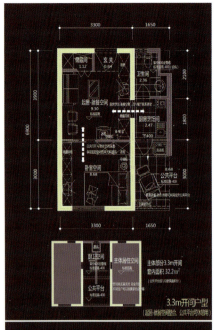

3.3m开间户型

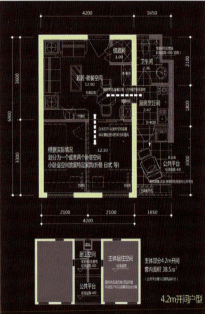

4.2m开间户型

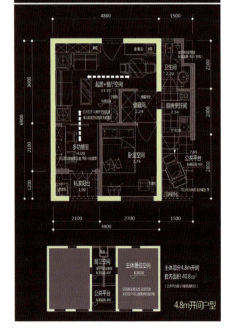

4.8m开间户型

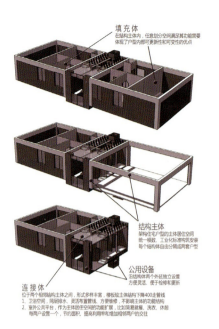

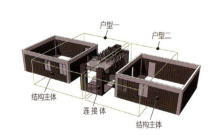

每个户型开间按建筑模数控制，有利于在一个结构主体内灵活分隔户型，分3.3m、4.2m、4.8m三种基本类型，分别控制3种户型面积。

户型的厨卫房间及设备管井均位于相邻结构主体之间的连接体内，一方面可以降低楼板同层排水，灵活布置管线；另一方面在户型组合、施工、安装、维修、更换设备等过程中比较灵活，不影响结构主体。

两户公用的室外平台可以作为主体居住空间的功能扩展和补充，而且面积按1/2计算，这在超小户型设计中有一定的优势。

Stereo-Square

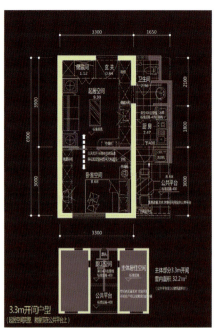

12-18层组合平面

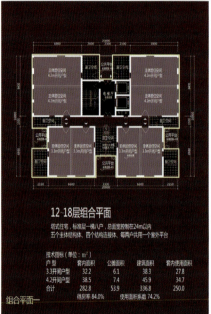

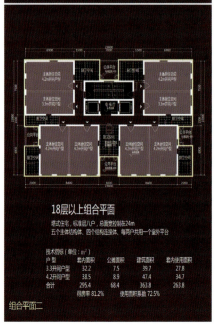

18层以上组合平面

# 二等奖 北方高层廉租房建筑设计

中国建筑设计研究院：陈 霞 潘 磊 赵 钿

### 1."四节一环保"为大前提

- 选择最佳的交通公共核心布置、控制公摊面积，小而合理的管井布置及自然采光、通风；
- 规划设计中充分利用楼间距，安排东西向住宅，利用东西向日照资源并充分考虑楼座住户的采光、卫生视距、景观等问题；
- 立面设计简洁、经济，并结合顶层采用太阳能光电板技术，充分利用太阳能。

### 2.研究廉租房居住人群的居住特点，注重住宅精细化设计

- 组合平面具有可生长性，适应不同规划平面面宽的要求；
- 户型厨卫空间实现标准化；
- 储藏空间多元化考虑；
- 餐起合一；
- 户型南向设低台飘窗。

#### 户型创意一：灵活空间（B1）

1. 高度利用：B1户型缺少洗衣间空间，利用2.8米层高将室外空调机位处下部1.6米高度空间归室内，满足洗衣机的使用。上部1.2米高度空间满足1P空调室外机安装要求
2. 储藏空间：如果住户不需放置洗衣机，则可把这部分空调机作为储藏空间，可根据需要进行不同高度分隔有效收纳
3. 不计面积：灵活空间巧妙利用了室外空调机位存在的高度差而进行的精细空间化处理。2.2米以下空间不计面积。满足使用要求，又未给户型增加面积压力

#### 户型创意二：晾晒平台

1. 生长性组合：北方不允许纯北朝向的户型，根据"节地多出面积"的指导原则，经过分析得出1梯5户以上有最佳的使用面积系数，为了解决找北向户型与增加标准层户数的矛盾，把不利因素变为有利条件设计了晾晒平台。根据规划，不同的盈亏条件可以使用一梯6户、一梯7户、一梯8户的单元平面。本方案的交通核心位于平面中部，到达各户距离均不远，在满足消防疏散距离的前提下，单元平面可以做到1梯10户
2. 公共晾晒功能：由于严格控制套型建筑面积，户型要做出独立分晾晒阳台很难。晾晒平台有效解决户内促的晾晒空间，并且每个单元组合北侧有6~11平方米的平台，非常实用
3. 休息、交流空间：低收入人群虽然居住条件差，但邻里沟通较多。平台有比较舒适的面积，有利于居住的人在平台上通气、休息和邻居交流，进一步改善居住条件
4. 不计公摊面积：平台计算一半面积会给每户0.1m²左右的公摊，这对于小户型设计影响很大。通过分析，每层一个平台即满足使用。设计利用核心筒位置，将平台一分为二，奇偶层平台位置分设，平台做两层通高，不计建筑面积。生户使用面积不受影响

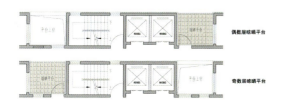

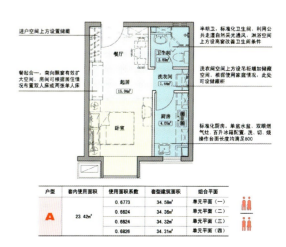

# 二等奖 低公摊的经济 高标准的适用

中山市建筑设计院有限公司：张 玲 梁宇凌 熊阳槐

- 一梯四户布局，将住宅面宽和进深控制在较经济的范围内，可以适当提高容积率和密度，有利于节约土地，符合经济性的要求。
- 套型平面布局方正，结构梁柱布置合理，符合经济性的要求。
- 错层入户设计，既减少视线干扰，又将公摊降到最低，同时保证每个使用空间的采光和通风要求，即使是北面的B户型，也能满足主卧、客厅与餐厅之间及次卧和卫生间之间的南北通风对流需要，而且主卧室可以充分享受阳光，符合南方城市的适用性要求。
- 套型二房二厅设计，采用人的尺度、心理感觉和行为作为设计依据，空间紧凑而高效，各功能房间布局和流线合理，分区清晰，尺度适宜，客厅、餐厅布置合理，厨卫设备齐全。
- 住宅底层一半设置2.4m高多功能使用空间，可根据需要布置活动室、储藏间、摩托车或自行车房，满足低收入家庭的生活需要，符合适用性要求。

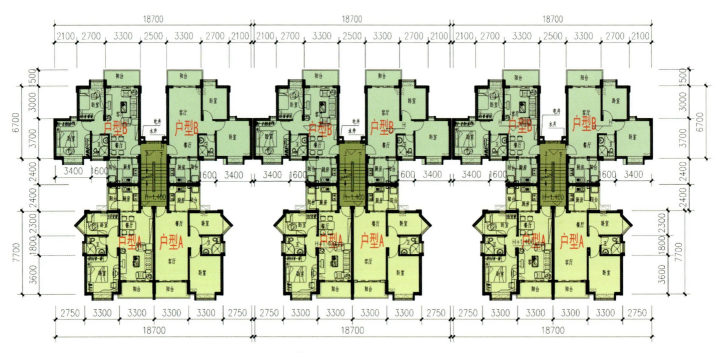

单元组合平面图

# 主题报道
## Theme Report

# 材质与建筑
## Materials and Architecture

国际镍协会(Nickel Institute)(中国)

国际镍协会是代表世界镍生产商的非赢利性国际组织，成立于2004年1月，由原国际镍发展学会(NiDI)和镍生产与环境研究协会(NiPERA)合并而成。协会代表其成员组织进行研究并传播相关知识和研究资料，以支持镍的生产、应用和再利用的可持续发展。其研究涉及建筑、化工、电力、海域等广泛领域。目前，已有24个国家的镍相关产业生产商成为协会会员。

协会为镍生产商及其相关产品提供全球性的推广，具有权威的发言权。他们与其他金属协会以及不锈钢学会合作，以促进和推广镍工业的相关产品在全世界被科学地、安全地使用。

镍协会(中国)是国际镍协会设在中国的分支机构，其工作内容主要包括：
- 推广实用经济的生产和使用方法
- 支持发展相关的科学研究
- 通过相关产业链来促进成员组织的发展
- 使行业的发展和合作关系保持透明和完整

他们通过建立全球的权威专家网，不断进行相关领域的研究，为客户提供免费的镍研究资料和技术支持，从而保证客户能够适宜、安全、科学地使用和操作镍产品，以使镍在人类生活环境中成为重要角色。

# 永恒的不锈钢建筑
## The Everlasting Stainless Steel Architecture

凯瑟琳·奥斯卡 *Catherine Houska*

[摘要]尽管不锈钢是一种较新的建筑材料,但它对国际建筑设计产生了巨大的影响。本文回顾了其应用的历史轨迹,从中可以看出不锈钢独具的卓越性能与高成本效益。

[关键词]不锈钢建筑、设计、材料、成本效益

Abstract: *As a rather new building material, stainless steel has made considerable impacts on architectural design. The article reviews the development of application of this material in building industry, and underscores its unique qualities and high cost-effectiveness.*

Keywords: *stainless steel architecture, design, material, cost-effectiveness*

尽管不锈钢是一种相对较新的建筑材料,但是它对国际建筑设计产生了巨大的影响。不锈钢作为现代前卫设计的优秀材料已有75年以上的历史,广泛应用于公共交通、安全维护以及其他优先考虑长期耐用性的工程中。有许多知名建筑的不锈钢构件已经使用了40~80年,没有一点外观的磨损或金属的更换。如果不锈钢的选择、加工及维护适当,就将和建筑同寿命,可达上百年。这使得不锈钢在任何要求长寿命、有可能成为标志性建筑的设计中,成为颇具吸引力和成本效益,且环保的选择。

不锈钢问世于1900~1915年。尽管其第一个商业用途是制造刃具,但含镍不锈钢很快便成为重要的建筑设计材料。已知的不锈钢在建筑上的初次应用开始于20世纪20年代中期,且是相对较小或不知名的工程,如建筑入口和工业屋顶。这些早期的许多建筑至今仍在使用,包括伦敦萨伏伊大酒店(1929年,图1)的入口天棚。

设计寿命为50年或更久的建筑在内部和外部广泛使用含镍不锈钢,这是因为含镍不锈钢若经过合理的选择和加工,将与建筑物同寿命,并具有成本效益,而且其外观效果引人注目,维护量较小。使用寿命较短的建筑,其交通流量大的区域、公共浴室以及与安全相关的应用则需要不锈钢的耐用性,以避免拆除、更新或更换带来的高昂费用。

人类总是以建造大型建筑物作为表达权利和财富、体现所有者之间竞争或突破技术限制的方式。所以不难理解,不锈钢第一次大型的建筑应用是在当时世界上最高的建筑:克莱斯勒大厦(1930年)和帝国大厦(1931年),此后其便成为高层建筑外立面优先选用的材料。世界十大最高建筑(已竣工)的外立面有一半采用了不锈钢建造。

尽管克莱斯勒大厦(图2)雄踞世界最高建筑的宝座只有短短几个月,但是其典雅的装饰艺术风格使其成为不朽的、国际认可的精美摩天大楼设计典范。至今依然闪闪发光、外观毫无变化的不锈钢塔顶、顶楼和排水笕嘴,成为永恒的建筑标志。

帝国大厦(图3)建成之后40多年一直是世界上最高的建筑。正如克莱斯勒大厦一样,帝国大厦的顶楼和塔尖都包覆不锈钢,从未更换或进行大的维修。帝国大厦是第一座将不锈钢作为主要外墙材料的建筑物。柱状的不锈钢拱肩连接每扇窗户,并在每一列的上部形成旭日状的装饰(图4)。其仅有的一次更换外墙板,是由于1945年美国空军轰炸机击中了大厦的一侧。

20世纪50年代初期的建筑引入了金属和玻璃幕墙的概念,不锈钢应用于许多早期使用这种新概念设计的重要建筑物上,包括纽约的利华大厦(1952年)、美孚大厦(1954年),以及芝加哥的内陆钢铁大厦(1958年,图5)。将建

1. 建成近80年后，萨伏伊大酒店的不锈钢天棚仍然在迎接顾客
2. 克莱斯勒大厦闪闪发光的不锈钢顶楼、笕嘴及塔顶是纽约天际线的重要特征
3. 帝国大厦的不锈钢顶楼和塔尖高高矗立于纽约
4. 紧挨大厦窗户的不锈钢柱状部件和旭日状装饰特写
5. 自建成50年来，内陆钢铁大厦仍保持其漂亮的外表，其中驻扎着一些城市一流的建筑公司

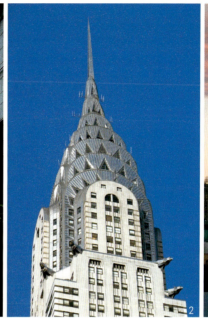

6.前者为美孚大厦,其背景为克莱斯勒大厦

7. 尽管极少维护且处于污染环境之中，但东京的圣母玛利亚教堂在47年之中保持了漂亮的外观和可靠的性能

8. 美国宾夕法尼亚州匹兹堡的梅隆球场具有世界上第一个可伸缩屋顶，其至今仍是世界上最大的穹顶之一。建成47年后，不锈钢没有腐蚀和磨损，仅更换了一些密封料

9. 为1964年纽约世博会建造的"地球仪"雕塑使用了当时能够应用的所有不锈钢产品形式，出现在许多电影中。尽管极少维护，但仍保持引人注目

10. 这种黑色和金色的经电化学着色的不锈钢材料作为日本一座寺庙的屋顶已超过33年，且没有明显的颜色变化

11. 弗兰克·盖里设计了沃特·迪斯尼的迪斯尼管理大楼。它使用的绗缝的、经电化学着色的不锈钢，被刻意处理成变化的色调，所以当司机在邻近的高速公路上经过大厦时，其看起来似乎改变了颜色（来源：RIMEX集团友情提供）

筑用重量较轻的蒙皮包覆起来，这种做法引入了更为广泛的设计可能性，而不锈钢的使用确保了所有这些建筑物在超过50年的时间里保持时尚。

美孚大厦和内陆钢铁大厦一直保持着其最初的不锈钢外观，看起来与刚建成时没什么不同（利华大厦在修缮期间，更换窗户的时候，也更换了一些不锈钢）。内陆钢铁大厦的不锈钢外表保养良好，但是美孚大厦直至1995年才开始进行清洗。尽管有这个疏忽，而且建筑暴露于有污染的海滨环境，但使用温和、环保的清洁品就能够完全恢复其原有的外观（图6）。如果当初采用的是耐腐蚀性较差的金属，如铝，则必须进行重新包覆。

到20世纪60年代，不锈钢经常应用于世界各地的知名建筑。屋面应用包括位于东京罗马天主教教区的圣母玛利亚教堂（1961年，图7），以及美国匹兹堡的梅隆球场（1961年，图8），它拥有当时世界上最大的穹顶及可伸缩屋顶。不锈钢第一个大型结构方面的应用是竣工于1965年的美国圣路易斯的拱门雕塑。由于具有耐用性，不锈钢也被广泛用于其他的雕塑上，包括为1964年纽约世博会建造的"地球仪"雕塑（图9）。

20世纪70年代出现的用于不锈钢的电化学着色法，使其不会在紫外线的照射下褪色。图10展示了日本寺院的彩色不锈钢屋顶，其建成30多年来颜色一直没有发生变化。不锈钢的颜色应该在建筑物的整个寿命期都保持不变。世界一流建筑师经常将各种各样的不锈钢表面用于各类建筑中，从大型游乐园到公司总部，如由弗兰克·盖里设计的美国加利福尼亚州阿纳海姆的迪斯尼管理大楼（图11）。

现代的建筑师和设计师们有更多的不锈钢和抛光方案可供选择。不锈钢可以制成他们所希望的任何产品形式，包括薄板、结构部件、精密铸件、金属线、布、墙板以及管制品。这些建筑和结构代表了一系列的应用和使用环境，有的需要定期维护，有的则不需要。这些长寿命的建筑说明了不锈钢作为一种建筑设计材料具有卓越的性能及高成本效益。

作者单位：国际镍协会

# 不锈钢引发的设计形态变化

*Design Transformation under the Influence of Stainless Steel*

凯瑟琳·奥斯卡 柯克·威尔逊 Catherine Houska and Kirk Wilson

1.美国密苏里州圣路易斯的拱门竣工于1965年,由厚度为6.3mm的304不锈钢板焊接建造
图片来源:美国国家公园服务公司

2. 加拿大渥太华的加拿大国家档案馆竣工于1994年，使用了2,800t的304及316不锈钢
3. 贝聿铭为卢佛尔宫博物馆设计的玻璃及不锈钢金字塔入口采用了几种不同的不锈钢（316型，Nitronic 50，以及17-4 PH），形成了这种引领潮流的设计
图片来源：TriPyramid公司
4. 芝加哥某建筑中引人注目的螺旋楼梯使用了304及316不锈钢结构部件，玻璃以及木质栏杆
图片来源：Brian Gulick

[摘要] 在前沿的国际设计中，不锈钢的应用变得日益重要。本文回顾了其设计历程，并通过大量实例，证明了其作为建筑材料所具有的优异性能及广阔的发展远景。

[关键词] 不锈钢、碳钢、设计创新、结构应用

Abstract: *In world-leading design practices, the application of stainless steel is increasingly prominent. The article gives an account of the historical development. And through extensive examples cited, it shows the exceptional performance and promising prospect of stainless steel as a building material.*

Keywords: *stainless steel, carbon steel, design renovation, structural application*

在前沿的国际设计中，不锈钢构件变得日益重要。其应用范围非常广泛，包括重要的纪念碑、精致的玻璃和幕墙、引人注目的人行天桥等。此外，不锈钢的耐腐蚀及其他独特性能，使其结构具有更高的安全性、可靠性、耐用性和更长的寿命。

世界上有很多令人印象深刻的工程由不锈钢建造，例如，其结构优势便为建设印度的新议会图书馆和曼谷的新国际机场提供了创新设计突破的可能。而欧洲和日本在建筑结构设计中使用不锈钢最为广泛，北美则有世界上最大的不锈钢结构建筑工程以及许多非凡的小型设计。建筑师可以通过审查工程实例并学习有关不锈钢的独特设计特点来考虑设计的可能性。

一、设计发展

不锈钢自20世纪初被发明不久，就有在建筑上运用的案例，但第一个大型的结构应用是位于美国密苏里州圣路易斯市的拱门（图1）。直至坐落在加拿大安大略省渥太华的加拿大国家档案馆（图2）竣工之前，它一直是世界上最大的不锈钢结构建筑（以重量计）。

20世纪80年代的一些工程，如贝聿铭设计的卢佛尔宫金字塔（图3）、J.O.斯普瑞克森设计的拉德芳斯新凯旋门，分别以其创新、优雅的不锈钢和玻璃设计，以及多层电梯支撑结构，启发了建筑师采用类似的设计理念，并激发了他们使用不锈钢结构件的兴趣。此后其又有了很多的创新，使得建筑师和结构工程师在设计中大大减少了有形的结构支持。

这种理念的运用实例也非常多。其中之一是芝加哥某建筑中用精美的玻璃和304不锈钢建成的螺旋楼梯（图4）。当把卢佛尔宫金字塔（1989年）与苹果电脑公司在纽约市的新旗舰店（2006年）的立方体形入口相比较时，设计上的巨大进步尤为明显。

5.美国纽约布鲁克林艺术博物馆的新入口使用316型不锈钢接头及17-4PH铸件建造珍贵细部
图片来源：TriPyramid公司
6.日本大阪的日新制钢株式会社研究所的不锈钢横梁没有被1995年的地震破坏
7.8.意大利福贾的圣比约神父教堂使用316不锈钢来经受地震负荷，同时创造了开放式通风设计
图片来源：意大利不锈钢发展协会
9.1989年澳大利亚纽卡斯尔大地震导致砖墙结构的倒塌，这些失效发生的原因是支撑砖墙的镀锌碳钢发生腐蚀
图片来源：Noel Herbst

## 二、性能比较

欧洲、澳大利亚以及日本的结构设计标准中都包括不锈钢，广泛使用的国际标准和规范中也均包含其结构形式。结构设计规范包含的不锈钢通常有[1]：

- 304/304L（UNS S30400/S30403，EN1.4301/1.4307，SUS 304）
- 316/316L（UNS S31600/S31603，EN 1.4401/1.4404，SUS 316）
- 2205（UNS S32205/S31803，EN 1.4462，SUS 329J3L）

碳钢结构件和不锈钢结构件之间有一些根本的区别。未受保护的碳钢在大多数的外部应用中会很快开始腐蚀，所以必须使用保护涂层（如漆）来防止其结构的劣化。这就使其需要维修保养，且不能将精细的构造细节作为美学设计的特征。相比之下，不锈钢既耐腐蚀，又有足够的强度。如果不锈钢选用正确的话，就不需要涂层，而且其精致的结构细节可作为设计特征（图5）。

在结构设计中，材料的强度和延伸率都须考虑。而对于不锈钢，根据其所处位置的腐蚀性、温度、压力及循环荷载要求，可能需要不同的强度和耐蚀性的组合。大多数不锈钢标准所列的最小值都十分保守，是在完全热处理后可达到的最低强度值。对于许多结构用型材，设计人员可获得的强度水平远高于公布的最小值，工业标准中不锈钢的最小延伸率也被大大低估了。对于使用较小结构型材的工程，其有可能达到更高强度的水平。冷成型（金属在冷却条件下成型）能够拥有比厚断面材料高得多的强度。

### 1.耐火性

与碳钢相比，不锈钢在温度升高时能更好地保持刚度。在800℃（1472°F）时，碳钢保留了大约10%的刚度，而不锈钢保留了约60%，这种较高的刚度保留性能为防火提供了可能。虽然这些金属的密度相似，但热膨胀系数存在差异，需要在设计中予以考虑。

### 2.抗震性能

在地震区，设计人员必须考虑可能施加到结构材料上的较高的应变量。与碳钢在达到屈服点后，应力达到一个"应力平台"不同，不锈钢的强度会继续增加，这使其具有额外的安全系数。简而言之，拉伸的力越大，不锈钢的强度越大。

日本大阪的日新制钢株式会社研究所是在1995年发生神户大地震（里氏7.2级）之前建造的。图6所示为该建筑在地震中裸露的、结构完好无损的不锈钢横梁。澳大利亚、北美洲、欧洲和日本都已经采用不锈钢来加固现有的结构，而在地震多发区则更多地用于新建筑结构。

伦佐·皮亚诺建筑师事务所与奥雅纳工程顾问公司合作设计了意大利福贾的圣比约神父教堂。它竣工于2004年，设计师采用一系列独立石拱门、不锈钢支柱和撑杆来支撑其木屋顶结构（图7~8），将木材、316不锈钢和石材结构相结合，美轮美奂。建筑的不锈钢结构件有助于产生透明和轻盈的感觉，而同时，它的设计足以承受地震的破坏：用不锈钢纤维加固的石砂浆构成的石结构，可以分散地震产生的能量。

木材、石材和砖砌结构的使用寿命很长，但镀锌碳钢紧固件和结构部件有很强的腐蚀性，特别是暴露在含盐（氯化物）环境中，因而在地震区域，其发生大规模灾难性失效的可能性很大。在澳大利亚的纽卡斯尔地震（1989年）中，有大量砖石结构的墙倒塌。经过鉴定，这是由于支撑砖墙的镀锌碳钢发生腐蚀而引起的（图9）。根据这一失效分析结果，澳大利亚开始要求沿海的结构使用316不锈钢支撑砖墙。即使建筑物并不处于地震多发区，当暴露于防冻盐或海盐环境中时，许多国家仍要求砖石结构使用不锈钢支撑。

3. 加工

如果设计中包括焊接，则在工程技术要求中应该参照结构不锈钢的焊接标准，例如，美国焊接协会(AWS)D1.6结构焊接标准——不锈钢，以确保产品符合良好的结构和明确的技术要求如焊工资格审定和检查。碳钢结构的焊接规范是不合适的，不应使用。机械紧固设计应该参照相应的工业不锈钢紧固件标准，如果将来要求移除，必须考虑其因磨损而被卡住的问题。

4. 耐腐蚀性

不锈钢较高的耐腐蚀性能具有显著的美学和结构设计的优势。清新明快的结构细节可以作为主要的设计元素，不锈钢不需要涂漆来维护保养，是一种寿命长、维护率低、颇具成本效益的材料。

关于不锈钢的选择，有许多文章和行业协会的出版物可供参考。304不锈钢适合于室内和条件比较温和的户外使用；316不锈钢则通常用于低至中等腐蚀性的沿海地区，暴露在防冻盐中，具有中度工业或较高程度城市污染的地区；高强度的2205双相不锈钢的耐腐蚀性能远远优于316不锈钢，应考虑用于腐蚀性更强或维修清洗困难或昂贵的区域。

不锈钢较为光滑的表面减少了腐蚀性物质的沉积，提高了耐腐蚀性，可最大程度地避免难看的锈斑。定期保养清洗除掉污垢也有助于防止不锈钢表面的锈迹。在含盐度高的环境中，应采用焊接或高质量的建筑密封剂来密封304和316不锈钢的接缝，以防止缝隙腐蚀的发生。

三、运用实例

1. 拉德芳斯大门电梯构建

竣工于1982年的拉德芳斯大门由J.O.斯普瑞克森和建筑师福杭斯瓦德洛吉耶合作设计，其最大程度地利用了高强度双相不锈钢的独特特性，为建筑的电梯塔提供支撑(图10~11)。设计实际上是一系列细长、叠放的桅杆形状，形成网络状的结构。该项目之所以选用不锈钢，是由于不锈钢的结构特性(高屈服强度和疲劳强度)、维修最少以及使用寿命长。其镜面抛光表面及刷光表面均被应用来突出设计的不同要素。

10.11. 巴黎新凯旋门电梯塔架由高强度双相不锈钢建造
图片来源：国际镍协会(摄影：Nicole Kinsman)

12.世贸中心7号楼(7WTC)使用高强度双相不锈钢2205建造开放式透明大厅，同时提高了安全性。
图片来源：国际镍协会（摄影：凯瑟琳·奥斯卡）
13.设计师使用316型不锈钢和玻璃建造了活动的人行螺旋桥。
图片来源：Christopher von der Howen
14.15.这座304不锈钢和木材建造的桥设计时考虑了环保，使用寿命长，且与周围景色融为一体。
图片来源：爱德华斯坦利工程有限公司

### 2. 世贸中心7号楼

世贸中心7号楼(7WTC)是在2001年9月11日纽约恐怖袭击中最后倒塌的建筑物，且是第一座重建的大楼（图12）。为恢复原建筑里的变压器变电房并提供所需的"A"级办公空间，大楼被迅速重建，重建工程竣工于2006年。新的52层的办公塔楼由美国SOM设计所设计，其超越了建筑规范的要求，强调了安全性。

具体措施包括提高外围墙壁的建筑性能标准，同时建造一个开放的、透明的大厅。这些看似有些矛盾的要求，是通过使用高强度双相不锈钢和316不锈钢来达到的。正面的玻璃窗和门设在横梁下面，位于带网格的窗棂柱之中。横梁和窗棂柱都用2205不锈钢组合板制成。悬在横梁上的316不锈钢组合板梁支撑玻璃顶棚，上面用316不锈钢制成的索网墙由顶棚和侧墙支撑。

SOM设计所的建筑师克里斯托弗·奥尔森说："高强度双相不锈钢2205的使用是非常必要的，它可以调节由拉伸的不锈钢钢索产生的巨大载荷，因而在保持构件最少可见的同时，也满足了提高建筑性能标准的要求。" 2205的表面是精细刷光而带有纹路的，可以看到的焊接点最少，一些组合配件则采用隐蔽式紧固件进行机械连接。

### 3. 螺旋桥

这座螺旋桥（图13）是2004年英国伦敦建成的几个不锈钢人行天桥之一，是由雕塑家马库斯·泰勒和结构工程师哈伯德·马斯合作设计的。这座引人注目的不锈钢和玻璃人行天桥凌驾于一条小运河上，桥长7m(23ft)，直径3.5m(11.5ft)。由于其暴露于含盐水环境中，所以选用316不锈钢。中空型材弯成一个螺旋形状，形成了可伸缩的管状桥身结构。它为玻璃板面提供了一个锚固的位置，并增加了观赏的趣味性。伸缩装置被隐蔽起来，在外是不可见的。它实际上是一座"吊桥"，当它收缩起来让船只通行时，如同蜿蜒在河岸上一般。

### 4. 林区桥

Gray Organschi建筑事务所与爱德华斯坦利工程公司合作设计了一座可长期使用的、与周围环境融为一体的林区人行桥（图14~15）。其精致的木制螺旋形桥面由304不锈钢结构支撑，减少了视觉冲击。支撑桥梁的薄管柱灌浆于山涧的基岩里，而不使用大型支撑基座，与周围的树干融合在一起。由于不锈钢具有良好的耐腐蚀性，所以可以使用这种支撑部件。木质桥面使用胶合木积材，带有不锈钢扶手和零件。当碳钢和潮湿的木材接触时，经常会发生结构的腐蚀失效，但是不锈钢不存在这个问题。它不需要经常性地维护保养，便能确保自身拥有很长的使用寿命。

### 5. 苹果立方体

于2006年建成的"苹果立方体"是美国纽约苹果公司旗舰店的入口。它表面上看起来全由玻璃制成（图16~17），但同时大量使用了高强度2205双相不锈钢的小型结构部件，视觉上它与玻璃几乎完全融合，进一步减少了其可视性。在外部使用的高度抛光的316不锈钢方钢也创造出了基体上的亮点。

一座壮观的不锈钢和玻璃旋转楼电梯将顾客带进地下商场（图18）。楼梯扶手和大部分的金属附件由304不锈钢制成。为增加强度，扶手、连接件以及将圆柱状玻璃块连接到外部楼梯栏杆的搭接板和内部升降机滚筒均由2205不锈钢制成。这一工程的建筑师是波林·齐温斯基·杰克逊，结构工程师是埃克斯利·奥卡拉汉。

### 6. 舒伯特俱乐部露天舞台

16.17. "苹果立方体"是美国纽约苹果公司旗舰店的入口,采用高强度双相不锈钢2205及316不锈钢支撑玻璃,获得轻盈的建筑结构
图片来源:TriPyramid公司(摄影:Midge Eliassen)

18. "苹果立方体"下方的楼梯使用高强度2205双相不锈钢来固定玻璃楼梯,使用304不锈钢建造扶手及其他细部
图片来源:TriPyramid建筑公司(摄影:Midge Eliassen)

19.舒伯特俱乐部露天舞台采用316不锈钢及玻璃建造,能够抵抗大风、附近公路桥的除冰盐以及季节性洪水
图片来源:詹姆斯·卡彭特设计联合公司和Shane McCormick
20.21.金梅尔艺术中心是单向索网结构,设计采用316不锈钢
图片来源:E.丹尼斯和Raphael Vinoly设计所

舒伯特俱乐部坐落于美国明尼苏达州圣保罗,其极具吸引力、线条简单的乐队舞台,是开露天音乐会的优雅场所。舞台于2002年建成,位于密西西比河中部的树莓岛(图19)。詹姆斯·卡彭特设计公司、美国SOM结构工程公司以及Schlaich Bergermann建造工程公司意识到其必须能够防腐蚀和防风,因而建成的露天舞台是一个双曲面、宽7.6m(25ft)的不锈钢、玻璃混合建筑,两个混凝土基墩之间的跨度为15.2m(50ft)。考虑到岛屿会遭遇洪水,且附近有高速路桥,舞台外表面暴露于除冰盐环境,此外,公共公园维修保养比较少,设计者选择316不锈钢作为结构框架。

### 7.金梅尔艺术中心

拉斐尔·威尼奥利设计建造了位于美国费城的金梅尔艺术中心。它是一种单向的索网结构(图20~21)。这一创新的设计竣工于2001年,相对于一般的双向索网墙结构,其可视支撑结构减少了一半。这样可以保持每一根钢索拉力恒定,减少了支撑每个拱顶需要的用钢量。这一半圆形的墙半径为25.9m(85ft),仿佛帆船上的吊杆。当风吹起时,"帆"鼓起,墙的中心移动,直到它受到的力与风的压力平衡。墙的中心差不多能移动0.76m(2.5ft),这是刚性墙挠度的10倍。建筑的金属附件采用316不锈钢建造。

### 8.美国空军纪念碑

贝·考伯·弗里德建筑师事务所的吉姆·弗里德在美国空军纪念馆设计大赛中,凭借以空中开花特技飞行编队为灵感的设计获胜,后来与奥雅纳建筑工程公司合作将它变成了现实(图22)。雕塑竣工于2006年,位于莱特兄弟首次向美国空军展示飞机的小山坡上。

雕塑在华盛顿地平线上清晰可见。三个锥形塔高度从64m(210ft)到82m(270ft)不等,从基座呈曲线向上、向外上升。锥形塔由焊接成的19mm(0.75in)厚的316不锈钢板构成,采用定制的多步骤抛光,使得白天的反射率较低,而在晚上被灯光照射得漂亮无比。它们优雅的曲线形状

22.美国空军纪念碑的特色是三个弯曲的锥形塔由19mm(0.75in)厚的316不锈钢焊接板构成，总高为82m(270ft)
图片来源：帕特里克·麦卡费蒂

使其成为迄今为止世界上最具挑战性的不锈钢建筑设计之一。雕塑采用了减震系统，否则，在正常等级风力作用下就会发生颤动。

### 结论

不锈钢结构设计的持续创新，使设计师和工程师能够利用裸金属来表达雕塑设计元素的细节，从而创造出更多引人注目的建筑。选择适当的不锈钢，便能获得长使用寿命和低维护特性，使该材料独特的美学优势得以发挥。这样所得到的设计不仅非常壮观，而且也是可持续建筑的精彩实例。

### 注释

1. 不锈钢结构设计手册-第三版. EuroInox建筑丛书. 第11卷. 199

2. L. 加德纳, K. T. Ng. 置于火中的不锈钢结构剖面的温度发展. 防火期刊; G. 沃勒, D.J. 科克伦. 不锈钢的耐用性、防火性及安全性. 镍协会技术资料

### 致谢

衷心感谢国际钼协会、镍研究所，美国SOM设计所，TriPyramid公司，澳大利亚不锈钢研究协会，美国空军纪念基金会以及意大利不锈钢发展协会对本文的大力支持。

作者单位：国际镍协会

# 不锈钢在建筑中的应用
## The Application of Stainless Steel in Buildings

范肃宁 Fan Suning

[摘要]不锈钢材料的发展已成为影响现代建筑的重要因素,其优异的特性造就了应用中的多面性,成为各建筑构件乐于选用的杰出材料,也为将来世界上无论何种原因导致的建筑问题提供了低成本的解决方式。

[关键词]不锈钢、建筑构件、抗腐蚀、低成本

Abstract: The development of stainless steel has become an important element of modern architecture. Its unique performance and versatility has made it a preferable material for producing many structural parts and components, and it will serve as a low-cost solution to many building problems.

Keywords: stainless steel, structural parts, corrosion resistant, low-cost

在世界上,建筑被认为是诸多文化艺术领域中最伟大的门类之一,它反映着社会文化和工艺技术的变化。例如,19世纪钢铁产品的发展,曾是影响现代建筑的主要因素。20世纪不锈钢的发展进一步扩展了其在建筑物和结构上的广泛应用。

不锈钢用于著名建筑物的最佳范例是美国纽约的克莱斯勒大厦(Chrysler Building,图1),其由威廉·范·艾伦(Willian Van Alen)设计,建于1926~1931年,这幢装饰艺术(Art Deco)风格的摩天大楼,是曼哈顿最具代表性的建筑物之一,并曾一度是世界最高的建筑物,直到几个月后帝国大厦开幕时才被取代。其不锈钢饰面层和人工饰品是该市高大建筑物景观的永久特征。自那以后,制造不锈钢的新方法不断被发明,并显著地降低了成本,这就扩大了产品实际应用的范围。不锈钢兼有性能高和成本低的优点,使它能在普通及著名的建筑中得到广泛应用,令建筑和不锈钢之间的伙伴关系继续活跃发展。

一、外幕墙

现代派建筑学结构采用了外幕墙概念,尽管20世纪不锈钢的发明附加了其他的设计外形,但正如普林斯顿大学建筑学院发表的一篇论文摘要所说的那样:"建筑的工艺和科技受到材料发展的极大影响,当不锈钢被了解和应用之时,它本身的固有特性使其在建筑学上具有卓越的表现。不锈钢把强度和耐久性这两个基本的、高度理想的特性组合在一起,成为一种出色的建筑材料。它如此杰出的强度和耐久性组合,在建筑材料中是惟一的。不锈钢可以作为永久的和尺寸很薄的外墙表面来使用,其厚度仅为几毫米,没有其他材料能够具有这种特性"。

不锈钢幕墙的早期使用是在1948年,安装于纽约斯克内克塔迪(Schenectady)通用电气透平制造厂前面的一座办

1. 美国纽约克莱斯勒大厦全景

2. 德国杜塞尔多夫市的不锈钢幕墙建筑——Thyssenhaus
3. 使用不锈钢幕墙的伦敦劳埃德(Lloyds)大厦

公大楼的表面。这座大楼原计划是一座3层砖石建筑，但在奠基以后，才意识到需要更多的空间。因此改用不锈钢幕墙，使外墙的恒荷载大幅降低，从而允许增加1层楼而不需改变原来的框架和基础结构。

20世纪50年代在北美和世界其他地方出现许多使用不锈钢幕墙的例子。例如在德国杜塞尔多夫市的Thyssenhaus(图2)就是欧洲使用不锈钢的高层建筑物之一，现在它成为德国建筑史上的一个重要建筑。梯形的幕墙为厚度仅1.0mm的4号表面的SS316不锈钢。

而纽约的世界贸易中心大楼和多伦多的CIL大楼、第一加拿大广场大楼等的幕墙已经设计为屏风，而不是一个连续的防雨板。该系统嵌板接头不密封，在相邻嵌板之间留有小缝隙，利用缝隙使风暴期间产生的空气压力内外相等。防雨的办法则是设置构件使雨水在任何情况下都能顺利地排到外面。

此外，1986年建成的高技派风格的伦敦劳埃德(Lloyds)大厦(图3)也使用了不锈钢幕墙。

## 二、屋面

不锈钢是一种十分坚固耐用的材料，具有高强度和高延展性，完全不透水。它很少甚至不需要维护，易于成形和焊接。这些独特性能特别适合于屋顶，不论平的、倾斜的、拱形的或弧形的。

它能用树脂漆着色，如日本广泛使用于屋顶的那样，也可以以手工制造或以标准型材做成无涂层金属屋顶。许多居民住宅、商业建筑、市政建筑及工业建筑、体育馆和教堂都已装有不锈钢屋顶，其中有许多装置做成了弧形的。

## 三、地面

20世纪80年代中期根据市场的需求，在英国首先生产出有扁豆形花纹的不锈钢地板钢板作为防腐蚀碳钢的替代物。此后，由于外观、清洁度、清洗的便易和频繁程度(有时要用化学品清洗)、卫生环境的限制以及成本等各方面原因，不锈钢地板在很多不同的工业中得到了应用。食品加工厂、牛奶场、啤酒厂、屠宰厂、工业和化工厂、医院、电机间，乃至商业大楼、办公室和火车站都铺了不锈钢的地板。

经过电抛光处理的不锈钢地板具有视觉上的吸引力，并且是藏匿细菌和灰尘的可能性最小的表面加工，这是高科技工厂和食品加工区等所要求的。对钢板用辊轧、压制或蚀刻形成图案，可以保证脚下的安全。在对材料和保护涂层有要求的腐蚀性环境，或需要定期检查并且用昂贵费用维护或更换的场合中，不锈钢是理想的材料。

## 四、封檐饰板

封檐饰板的设计目标不同于刻画和装饰建筑物的外墙，它是外墙和屋面之间的过渡，或仅仅作为独立的装饰部分。无论什么建筑，其外观都需要能够维持相当长的时间周期，通常是建筑物的全设计寿命。封檐饰板常常置于不易达到的区域，因此选择不需要维护的材料对其来说是至关重要的。这就意味着封檐饰板所选择的材料应是不易产生腐蚀的、不需要因周围环境而清洁的产品。而不锈钢能满足所有这些需求，并具有按饰板设计人员的要求成型和制造成各类形状的能力。

与封檐饰板设计相关的一个方面是在主要饰板的某一长度上避免产生"波纹"，那么首先要考虑的就是不锈钢表面的加工类型。显而易见，高度反射的表面在视觉上会明显暴露出波纹的数量，而在粗糙的表面上则是不明显的。因此，避免使用光亮退火或高度抛光的不锈钢，而使用较少反光的材料，如4号表面加工或压花表面是更为可取的。

若特别要求反射表面，则应考虑在饰板背后使用刚性模板，把不锈钢板压附在刚性材料上，如考虑使用胶合板。罗纹板和条型钢的使用也是一种增加刚性、减少波纹的方式。

五、雨棚与大门

不锈钢雨棚和大门长期以来就是一种流行的设计。店面要在邻居中树立一种标志，那么吸引人的、赏心悦目的、清洁光亮的表面则是一种明显的优势，因此不锈钢成为很好的选择，但还有许多其他原因。例如，不锈钢是最硬的建筑可用金属，其表面能更好地经受正常交通量的磨损，把这一点与其良好的抗褪色性和抗风蚀性结合起来，我们就可以明白不锈钢能树立起保持良好外观声誉的原因。

当然不锈钢不能避免变脏，但是为恢复其本来面目所要做的仅是简单的冲洗。不锈钢的强度还允许用于细长的和精细的框架构件，其能使设计者取得明亮和宽敞效果的门厅入口。同样，非常高刚度还意味着，一个良好设计的不锈钢门可以抵抗由于经常使用所引起的结构倾斜和损坏，因此能够起到保持门在门框架中的稳定、隔声、防尘、隔冷热的作用。考虑到这些，不锈钢最早应用于雨棚和大门，并在该领域取得了成功就不足为奇了。现在不锈钢已广泛使用于各种类型的入口系统，包括摆动门、滑动门和旋转门，还包括一些特殊设计，如适应超级市场顾客和手推车的入口系统。

六、梁柱外饰面

各种形状和尺寸的梁柱都可以用不锈钢包覆。要想把它们变为集耐磨、持久和低维护成本为一体的诱人表面，最经济的做法就是使用标准化或容易成型的薄规格不锈钢板。然而，在通行繁忙、恶劣或容易发生碰撞的地方，则需要对其进行硬化。例如开槽、把不锈钢拼接到刚性板条或使用内部硬化构件，都是很好的解决方式。

还要注意，光亮退火和高度抛光的不锈钢不适于通行繁忙的地区，原因是行人携带的某些物品会产生极大的磨损，从而在这些高反光表面产生肉眼可见的细微划痕。在这样的地方，最好使用压纹表面，即4号表面加工。这种较少反光表面的划痕不仅不易被看见，而且凹凸压纹还能使不锈钢的局部表面硬化，使其更耐磨损。显而易见，如果使用4号表面加工的话，"纹理"应该按相同方向排列，像行人预先制造的划痕。

在钢框架的建筑中，不锈钢柱的包覆层可以是一种具有吸引力的隔火材料。在混凝土框架建筑中，包裹层则可以大大地装饰或遮蔽设施管路。

七、栏杆扶手

在世界上大多数国家都可见到不锈钢做的扶手、栅栏和楼梯，不论在建筑内部或外部。这些构件采用管状或椭圆型材、正方形或长方形型材、平板或拉制型材（薄尺寸不锈钢拉制到硬木核心上），设计上也有许多变化。拉制时可以做成不同的截面，用于实心扶手上的薄层不锈钢外壳。充填护板则可以是安全玻璃的、不锈钢丝网的或是简单型材的。

不锈钢的主要特点是美观、高强度、耐腐蚀、具有可成型性、可焊性并易于保养。在人口稠密地区像购物中心和机场，栏杆易受到手推车、箱子等的无意碰撞。但不锈钢具有高抗冲击性，并且它没有像漆这样的会被划伤的表层，使之减少了进行维护的需要。在路边区域或桥栏杆和护墙，不锈钢提供了不需维护的安全屏障，它不会受到路面上除冰盐的不利影响。不锈钢为设计者提供了宽广的成品选择范围以适应于各种现场条件。

随着21世纪的到来，不锈钢处于活跃的令人羡慕和令人兴奋的地位。60多年来，其成功地满足了建筑师的要求，巩固了作为主要建筑材料的地位，并仍在继续发展，以迎接建筑新的挑战。

不锈钢把幻觉般的影像效果与工业建筑低成本材料的应用结合起来。此时，其以纯美学原因被选择；彼时，又为提供永久的结构支撑被掩盖在建筑结构之中。它最终能胜任石油平台墙壁，面临侵蚀性海洋环境，它也会用来作为几百米高塔上和地平面下几十米深的地铁隧道中的包裹层材料。

不锈钢如此的多面性使其当前的应用系列也无止境，并为将来世界上无论何种原因导致的建筑问题提供了低成本的解决方式。

作者单位：北京市建筑设计研究院

# 不锈钢的可持续性优势

The Sustainable Advantages of Stainless Steel

凯瑟琳·奥斯卡 Catherine Houska

[摘要]当考虑可持续性时,人们很少想到像不锈钢这样的材料。然而,由于其具有耐用性、长寿命和出众的循环再利用潜能,我们可以充满信心地将它纳入任何绿色设计之中。

[关键词]不锈钢、可持续、绿色设计

Abstract: Considering sustainability, building materials such as stainless steel is rarely considered. However, because of its durability, longevity and outstanding potentials of recycling, we confidently think it could be applied in any green design projects.

Keywords: stainless steel, sustainability, green design

全球对可持续设计的兴趣已经大大增加。一些建筑评估方法,比如由世界绿色建筑协会成员国所提出的,开始鼓励设计师研究关于建筑材料对环境的潜在影响等方面的问题。各种材料之间的比较常常包括循环再生方面的数据、产品再利用的潜力、耐用性、维护要求、能量和水量消耗,及对室内空气质量和光线的影响。当我们进行这些分析时,不锈钢始终被视作建筑业常用的最环保的金属之一。

在材料的室外应用方面,耐腐蚀性和长效绿色性能之间有直接的联系。腐蚀会导致建筑在外表或结构上的破败,使其不得不过早地进行更换。当任何材料在建筑寿命期内不得不被更换一次或多次时,便增加了建筑对环境的整体影响:由于腐蚀而失去的材料质量不得不用新的生产来替代,从而增加总的能耗和排放。

除冰盐和沿海区域等环境条件能够造成较严重的腐蚀,大气污染物比如酸雨也会导致大部分常用建筑材料加速退化。例如,在含盐和存在污染的环境中,铜和铝的腐蚀率是不锈钢腐蚀率的10~100倍[1],而如果不锈钢选用正确,维护适当,其良好的外观和性能则可保持数百年。另外不锈钢废料的高价值和低腐蚀率甚至还可保证其使用期满后有很高的回收率和循环再利用率。

## 一、循环再用

材料的循环再用潜能是可持续设计的一个重要方面,循环再用率数据依据的是生产中所使用的废金属的百分率。由于一般的工业统计可能与建筑产品无关,因此对数据进行比较是困难的。例如,铝行业公布的平均循环再用率很高,因为该数据统计包括铝罐,而其一年可回收若干次。这种数据容易误导决策者认为所有的铝都有很高的循环再用率,而忽略了铝罐废料仅用于生产更多的铝罐。建筑所用的铝板并不能够循环再用,因为它会对结构产生不利影响。其他材料的废料使用也有限制,例如,铜电线便不能使用废料生产。

不锈钢生产商在生产各种不锈钢产品时会尽可能多地使用可再生的废料,但是新材料一般至少有20~30年的使用寿命,因此废料不易获得。2002年国际不锈钢协会估算,新产品生产中再生废料的使用比例大约是60%[2]。无论不锈钢先前被循环利用了多少次,它都是100%可再生的,不会在循环几次后丧失利用价值。

设计者应当考虑使用寿命结束后金属构件再循环或再利用的可能性。设计一般优先选择的是利用建筑废料。现有数据未考虑建筑金属是否会由于腐蚀而产生显著的质量损耗，但它的确显示出寿命结束后留下的金属是否可再生。表1给出了典型建筑金属再生废料的使用比例和使用寿命结束后的回收率。

典型的再生废料使用比例和寿命结束时的回收率　　　表1

| 金属制品 | 再生废料使用比例(%) | 寿命结束时的回收率(%) |
| --- | --- | --- |
| 碳钢 | | |
| 综合性轧钢厂 | 25～35 | 70(薄板/条) |
| 小型轧钢厂 | ≥95 | 97(梁柱，板) |
| 不锈钢 | 60 | >80 |
| 锌 | 23 | 33 |
| 铜 | | |
| 电线 | 0 | >90 |
| 其他产品 | 70～95 | >90 |
| 铝(11) | | |
| 薄片 | 0 | 70 |
| 挤压件 | 变化 | 70 |
| 铸件 | ≤100 | 70 |

## 二、抗腐蚀性

不同金属合金的大气腐蚀数据能预知构件的使用寿命、维护要求和金属损失。通常，有酸雨、大气颗粒物含量高、硫/氮氧化物和臭氧含量高的地区以及暴露于沿海/冰盐环境的建筑物，需要使用耐腐蚀性更好的材料。

腐蚀试验和通用腐蚀地图可用于指导材料的选择(这些腐蚀地图的网上资源参见www.corrosion-doctors.org)。表2给出了一些用于立边咬合屋面的典型金属厚度，以在美国(低污染)和南非(高污染)海边放置30年为例，采用平均年腐蚀率乘以30年来计算金属厚度损失。如果屋面厚度损失了50%或更多，便可能有较深的蚀坑，也可能引起屋面穿孔；而轻微的厚度损失则会影响美观。该数据清楚地显示了不锈钢的低腐蚀率，及由于对长寿命的要求而优先选用不锈钢的原因。

## 三、环境保护

不锈钢以多种方式保护环境。由于它没有任何化学物质的排放和辐射，因此用作室内的表面装饰材料是非常理想的；如果建筑对空气质量有较高的要求，那使用不锈钢管道系统则是明智的选择，因为它能用蒸汽彻底地清洁，且管道壁不会因腐蚀而穿孔；建筑利用有反射性的不锈钢面板作为遮光板，可以将自然光以漫反射的形式引入室内；而选用不锈钢白蚁隔层则可省去使用杀虫剂的种种麻烦，此外，清洁不锈钢时也无需使用对环境有害的化学品。

关于各类屋面材料的径流水质已有大量的研究，主要目的是确定径流是否对植物或野生动物有害，另外当其被收集作为饮用水时，这也是重要的考虑因素。瑞典的一项研究选取了能代表斯德哥尔摩相对低污染水平的雨水酸度值(表3)[3]，逐一比较了不锈钢、铜、镀锌钢的镀锌层和锌板，来确定大气腐蚀对屋面径流、生物利用度和生态毒性的影响。试验表明不锈钢屋面径流中镍和铬的释放量非常低，它们根本不会造成生态毒性，而其他金属屋面的相关物含量大约要高10,000倍。当枯水期径流水浓缩时，锌和铜元素是可能产生生态毒性的。不锈钢屋顶极低的金属释放量使其既适合于环境敏感区域，也适合于径流水用作饮用水水源的情况。

在美国和南非沿海地区30年后平均金属厚度损失和典型立边咬合屋面(13,14,15,16,17)厚度的比较　　　表2

| 金属 | 典型屋面板厚度in(mm) | Kure 海滩，80ft in(mm) | 德班断崖 in(mm) |
| --- | --- | --- | --- |
| 316型不锈钢 | 0.015(0.381) | <0.00003(0.0008) | 0.0003(0.008) |
| 铝 | 0.032(0.814) | 0.0006(0.015) | 0.023(0.584) |
| 铜(16oz) | 0.022(0.548) | 0.004(0.102) | 0.029(0.737) |
| 锌 | 0.031(0.80) | 0.012(0.305) | 0.13(3.3) |
| 镀锌钢 | 0.024(0.609) | 0.024(0.609) | NA |

屋顶厚度来源：美国金属板与空调承包商协会(SMACNA)建筑金属板手册，第六版，2003年9月和莱茵辛克(钛锌板)，"在建筑上的应用"[16 3/4 in(430mm)的面板宽度和一个1英寸(25mm)的缝隙高度]

瑞典金属屋面径流研究[18]　　　表3

| 材料 | 年平均径流含量，mg/m² |
| --- | --- |
| 锌(1) | 1,900～2,500(1,588～2,090) |
| 铜 | 1,200～1,500(1,003～1,254) |
| 304型不锈钢(2) | |
| 镍 | 0.12～0.52(0.10～0.43) |
| 铬 | 0.18～0.57(0.15～0.48) |
| 铁 | 10～140(8.40～117) |

(1)以镀锌钢和锌板的形式。
(2)在许多样品中，镍和铬的含量低于检测线。每升平均浓度大大低于通常饮用水中的含量。

1. 在墨西哥普罗格雷索，右侧那座仍在使用的栈桥码头是1939～1941年间采用不锈钢钢筋建造的，至今还保持着极好的状态。图片中间这座已完全损坏的栈桥码头是1969年用碳钢钢筋建造的
2. 亚利桑那州凤凰城市政厅抛光的多孔不锈钢百叶窗，减少了空调成本并提高了办公人员的舒适度

图片来源：阿里根尼技术公司

## 四、使用寿命

具有长期性能的材料，其寿命周期成本更低并且更环保，因为它们不会增加垃圾数量，亦不需要经常更换。对在腐蚀性环境中的金属进行平行比较，很容易看到长寿命材料的优势（参见《永恒的不锈钢建筑》，了解更多的例子和这些建筑清洁后的图片）。

墨西哥普罗格雷索(Progresso)栈桥码头（图1）清楚地表明了碳钢和不锈钢钢筋性能的差别。在建成60多年后，不锈钢钢筋的混凝土栈桥码头仍在继续服役，核心测试显示，其一直没有性能的劣化。图片中还可以看到另一个混凝土栈桥码头的残骸，它是在上一座栈桥码头建成30年后使用碳钢钢筋建造的，因腐蚀已经不能再使用了。除了因失去使用功能而带来的高额成本外，所有原始材料不得不以相当大的环境和资金代价进行彻底更换。

## 五、自然资源的保护

不锈钢以多种方式保护着自然资源。在屋面应用中，可以使用更薄的面板以减少吸热和空调费用。不锈钢遮光板可使自然光进入室内的同时减少热量增加，这样也降低了空调费用和能源消耗。亚利桑那州凤凰城市政厅大楼（图2）建造时安装了抛光的不锈钢多孔遮光板，减少了大楼对空调设备的需求，使初始资金成本降低了28万美元，预计每年还可节约成本约20万美元。因为没有腐蚀发生，不锈钢遮光板反射性表面的作用不会随时间而改变。

3.位于纽约市第42街东150号的建筑,采用柔和的清洁剂和去污剂,必要的话使用无划痕的细磨料去除不锈钢外立面上积攒40多年的尘垢
图片来源:J&L 特殊钢公司

4.在翻新改造之前,宾夕法尼亚州匹兹堡525 William Penn Place大楼大厅的不锈钢面板已经使用了约50年,表面变脏并有划痕
图片来源:Catherine Houska

5.6.在上述525 William Penn Place大楼大厅翻新期间,已使用了50年的不锈钢面板被拆下进行清洁,修整后重新投入使用
图片来源:IKM

## 六、修复工作和再利用

使用过的不锈钢可以恢复其原有的光芒,纽约市的克莱斯勒大厦和帝国大厦都是极好的例子。两座建筑大约每30年进行一次清洗,两次清洗之间表面积攒了大量污垢。类似的实例还有纽约市紧邻克莱斯勒大厦的美孚石油公司大楼(即现在的第42街东150号,建于1954年),使用了40多年后在1995年第一次被清洗。图3是清洗过程中拍摄的照片,显示了清洗前后外观上的显著差异。

上文所提的三个建筑都采用含去污剂的温和清洗剂水溶液来去除油污,用不会划伤表面的细磨料溶液去除粘附比较牢的表面污物,不需要使用腐蚀性或对环境有害的产品,因而不会释放有害气体。

对建筑师而言,可进行废物利用和循环再利用的产品是最环保的材料来源。宾夕法尼亚州匹兹堡的建筑公司IKM承担了525 William Penn Place办公楼的大厅和入口的翻新改造项目,使其更具现代气息并更加明亮。大厅的不锈钢墙壁和电梯面板上都有划痕和凹坑,半个世纪来积攒的油污和尘垢使其表面变得暗淡(图4)。IKM使用非金属研磨垫对不锈钢墙面进行清理和打磨,必要时进行维修并重新使用(不适合再使用的部件进行再生利用)。图5和图6显示的新大厅看起来有很大改观,而大部分不锈钢都已经用了50年。

## 结论

为了保护环境,创造舒适、吸引人的建筑结构,不锈钢产品是极好的选择。尽管目前还缺少不同材料生命周期对环境影响比较的独立数据,但毫无疑问,不锈钢在这方面将会获得很高的评级。然而,正如所有建筑构件一样,性能取决于选择适当的材料、表面和设计。

## 注释

1. Houska, C. 建筑中的不锈钢:腐蚀防护指南, 2001
2. 国际不锈钢论坛(ISSF). 不锈钢的循环再利用. www.worldstainless.org
3. Leygraf, C, I.O. Wallinder. 大气腐蚀引起的金属环境效应. 美国材料实验协会国际标准技术出版物(STP)1421

作者单位:国际镍协会

# 新英格兰水族馆
## ——美国马萨诸塞州波士顿
*Aquaria of New England*
*Boston, Massachusetts, USA*

国际镍协会 Nickel Institute

1. 水族馆大厅

新英格兰水族馆计划扩大它们的滨水区设施，并创造引人注目的新入口来欢迎游客。波士顿施瓦茨/西尔弗建筑事务所被选定来设计其新的1,600m²西翼部分和入口，该项目于1998年完成。

建筑师的理念是展示人与水相互依赖的关系并寓意海滨岩石的形成和水的相互作用。新增建筑包括新展厅、咖啡店和更宽敞的大厅。定制的不锈钢平接缝板被成型并相互重叠呈"鱼鳞"状，每块板的表面都打磨成曲线形图案，新入口的内部和外部重复此设计，更增强了这种相似效果。

互锁的屋面板要形成紧张的弯曲需要材料有很好的成型性，因此使用含镍不锈钢很重要。由于此建筑距海港很近，因此需要表面材料有较高的抗腐蚀性，所以建筑外部使用了316不锈钢。虽然其常用于沿海区域，但该建筑表面比较粗糙，且离海水很近，盐含量较高，因此，需要定期进行外部清洗来去除盐污垢并防止表面锈迹。如果不希望经常维护，则要选用耐腐蚀能力更强的不锈钢。建筑室内使用了304不锈钢。这个不锈钢入口使一个老式建筑的外部重新焕发出活力并更好地表达了原来建筑设计的意图。静谧的自然光进入大厅并柔和地从不锈钢表面反射，显然已经实现了建筑师的设计理念。

\*照片由 Catherine Houska 提供

2. 地面鱼鳞状设计的特写

# 新加坡赛马会
## ——新加坡克兰芝
*Horse-Racing Club of Singapore Kranji, Singapore*

国际镍协会 Nickel Institute

新加坡赛马会成立于1842年，是新加坡主要的赛马俱乐部。俱乐部希望拥有一流设施，成为国际赛马旅游胜地，于是决定建造新的赛马场。坐落在克兰芝的全新的赛马场于1999年8月竣工，它跻身于世界顶级赛马场之列，并举办了许多高端的国际和地方赛事。在其恢宏的设计中，不锈钢是引人注目的重要部分。

尤文·柯尔事务所是美国费城的建筑设计公司，专门设计赛马场。其设计师约翰·蔡斯指出："由于新加坡处于腐蚀性的热带岛屿环境，所以我们毫不犹豫地采用了不锈钢。由于环境原因，不锈钢屋面在新加坡应用广泛。"

新加坡常年下大雨，赛马会又地处海滨，是具有中等污染程度的地区，其高温以及高湿度更加剧了环境的腐蚀性，因此业主希望屋面经久耐用，用最少的维护保持其漂亮的外观。而316不锈钢正常常用于低或中度污染的沿海地区，频繁的大雨能够帮助去除腐蚀性沉积物，使其不会粘附在屋顶表面。

同时，含镍不锈钢诸如316不锈钢，还是立边咬合屋面的标准用材，因为它可以使制造者毫不费力地成型紧密卷起的钢板连接部分，因此在具有较为紧密的接缝或弯曲的设计中常被优先选用。此外316型不锈钢还含有钼，进一步提高了不锈钢对含盐或污染环境的抗腐蚀性。综合上述几点，316不锈钢是满足此项目业主要求的极好选择。

建筑设计师尤文·柯尔希望游客在看到长400m的弯曲的看台屋面后，能联想到强壮的赛马在奋力奔跑时的优美动作。由316不锈钢(UNS S31600、EN 1.4401、SUS 316)建造的立边咬合屋面达到了波浪形的曲线效果。

波浪形的屋顶看似很复杂，实际上却是简单、颇具成本效益的设计。每个6m宽的人字形屋面，由相同的3m长的立边咬合接缝面板制成。人字形屋面区域沿其长度方向逐渐上升，直至到达看台顶部。设计采用了比较高的接缝及比较大的屋面仰角，以便在暴雨中能够快速排水并防止雨水渗入。每个屋顶区域之间的大檐沟在暴雨时既能够有效排水，还可以作为维护通道。

此外，不锈钢也用于优雅的入口天棚，以及漂亮的封闭通道，游客可以在任何天气情况下舒适地穿过。屋面选用2D表面抛光，这是一种低成本、低反射率的轧制表面，能够防止可能对飞行员造成的危险眩光，而且不锈钢表面足够光滑，能够提供额外的腐蚀防护。

\*图片来源：尤文.柯尔事务所

摄影：爱哈德·普菲费尔

1.2.赛马会屋面构造细部
3~5.在不同的光照条件下的赛马会建筑外观

# 彼得·B·里维斯大楼
## ——美国俄亥俄州克利夫兰

*Peter B Lewis Building*
*Cleverland, Ohio, USA*

国际镍协会 *Nickel Institute*

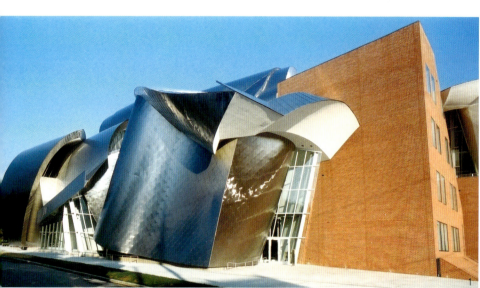

凯斯西储大学魏德海管理学院是北美顶尖的商学院，而校园建筑的功能性和外观也是影响其排名的重要因素，因为它直接关乎教育质量并且是学校的象征。

商学院的新大楼由盖里及合伙人公司设计并于2002年建成。它是一个占地14,000m²的5层建筑，外部使用砖石、不锈钢和玻璃等材料，用定制的曲线形层叠压花不锈钢面板来表现学校的创新精神和前沿定位。

不锈钢带状薄板包覆在教学楼外部，沿南外立面倾斜而下，像流过岩石的瀑布。虽然外部的不锈钢让观者想起西班牙毕尔巴鄂的古根海姆博物馆，但从此建筑可明显看出盖里在设计上的进步。路易斯大楼比古根海姆博物馆线条更流畅、古怪和具有柔性，它也比盖里的西雅图音乐体验项目更活泼、有形。

建筑使用的不锈钢面板是0.79mm厚、4号表面的304不锈钢。每块面板被压入定制的平缝面板，与相邻面板互锁。不锈钢板形成雨幕，防水膜设在下方。虽然相对传统的金属屋面来说，面板层叠是很简单的构造，但是应用于大规模的曲面结构却是十分复杂的。为了达到期望的效果，确保面板精确的位置是相当关键的，这要通过计算机三维模型和一个控制面板放置的支架系统来实现。建筑所使用的不锈钢屋面板总计有20,000块，大约113吨重。

内部空间的设计对学生来说颇具挑战性，并有可能使魏德海管理学院成为世界上最好的商学院。因为复杂的建筑空间对学生来说是个待解之谜，需要相互交流才能解决。"我设计的这个大楼都会使自己迷失在里面，我相信学生也会"，盖里说，"因此他们不得不彼此询问方向，或许这样可使他们相互熟悉"。建筑功能选择分散型的设计，"办公室、教室和会议室都分散在每一层以鼓励学生教师日常的互动，从而对魏德海管理学院以学习者为中心的教学理念起到了补充作用"。

虽然克里夫兰地区常使用除冰盐，但是此建筑与繁忙的道路相隔较远，暴露程度非常小，同时该城市虽有中等程度的污染，但附近没有工业污染，而且建筑的形状也利于用充足的天然雨水冲刷。选择十分平滑的4号表面可使表面沉积物最少。以上多种因素使304不锈钢成为建筑特色外表的适宜选择。

*图片来源：A. Zahner公司

1~3.路易斯大楼外观
4.不锈钢面板的安装
5.6.不锈钢屋面细部
图片来源：魏德海管理学院

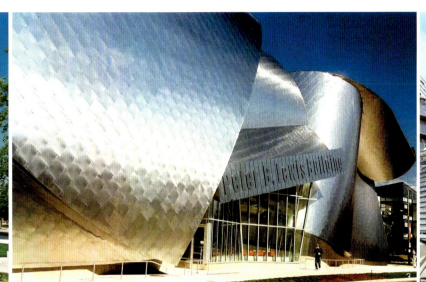

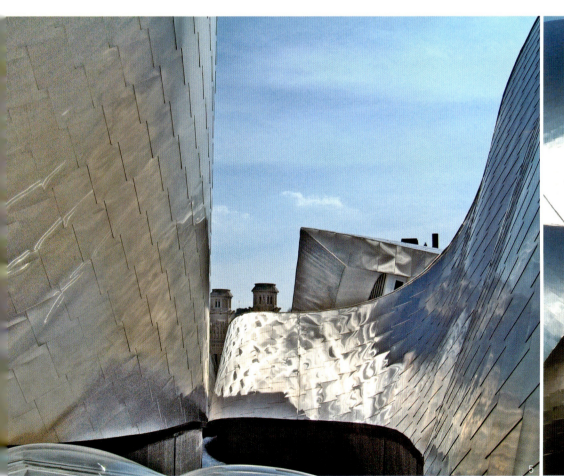
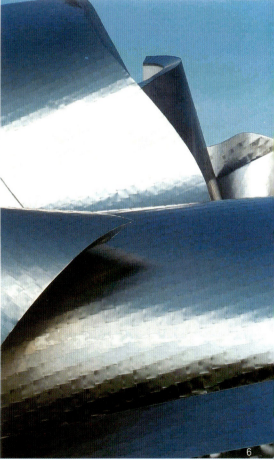

# 汉特美国艺术博物馆
## ——美国田纳西州查塔努加
### Hunter Museum of American Art Chattanooga, Tennessee, USA

国际镍协会 Nickel Institute

1. 艺术馆入口雨棚外观
2~4. 建筑室内不锈钢饰面空间

汉特美国艺术博物馆位于30m高的石灰岩悬崖上，俯瞰查塔努加市中心的田纳西河。不仅从博物馆可以看到周围的漂亮景色，而且从市中心也可以清晰地看到博物馆。最初的博物馆大楼是希腊风格，建于1904年，1975年加建了野兽派风格的建筑。博物馆方希望在保持现有建筑多元化风格的同时，大幅增加展览、制作以及仓储面积。

新增建筑由兰德尔斯图特建筑公司设计。这家建筑公司位于加利福尼亚州洛杉矶，其负责人曾就职于盖里建筑事务所。新增建筑竣工于2005年，它扩大了博物馆，并设计了与原有建筑形成鲜明对比的新入口（图1）。引人注目的新入口的雨棚及雅致的大厅都使用了304不锈钢。

建筑外部采用304不锈钢来建造引人注目的入口雨棚。设计使用独特的倒置接缝板建造屋顶，挑口饰及拱腹采用较为常规的平接缝设计。所有重要的内部及外部构件采用Zahner公司专利技术生产的无方向性即所谓天使之光的不锈钢抛光表面。

无方向性不锈钢抛光表面在建筑内的应用已经非常流行了。这种图案的多方向线条能够自然地掩饰轻微的划痕，是交通量大的公共区域的理想面材，其表面不会因游客长时间的接触而损害。此外，在镜面抛光表面上采用的无方向性划痕图案还可以柔和地散射和反射光线，同时也会产生有趣的反射映像，形成三维表面的幻影。

这种无方向性不锈钢与木材的结合被广泛应用于大厅。内部墙壁饰面层呈波纹状，刻意以大小和形状变化来模仿石灰岩悬崖的自然条纹。内部走廊饰面层经机器加工，采用弯曲形式，创造出雕像般的入口楼梯。顶棚由不锈钢屋面板重叠形成，经切割以适应顶棚的弯曲形状。

建筑师对所有这些部件都使用了相同的无方向性表面，同时改变了墙板形状和纹理。在界定和融合表面的同时，创造出能够柔和反射光线的分层效果。它营造出了走进互动式雕塑的气氛。白天，当变化的光线照射在不同的表面上时，不锈钢自然的银白色被淡金色或红色的光泽所衬托，为大厅增添了视觉上的乐趣，使它成了"活的"不断变化的雕塑。

在包含复杂成型、致密卷缝以及紧凑弯曲构件的建筑设计中，需要含镍不锈钢，如304和316不锈钢。对于室内及气候受控的环境，则应优先选用304不锈钢，以利用它成型性好的特点。由于该建筑外部并不处于沿海或除冰盐的环境，且污染程度属中度，所以对于建造外部天棚，304不锈钢已能够提供足够的抗腐蚀性能。

*图片来源：A. Zahner公司

# 摇滚音乐博物馆
## ——美国华盛顿州西雅图
*Rock Music Museum*
*Seattle, Washington, USA*

国际镍协会 *Nickel Institute*

1. 建筑方案模型
2. 建筑外观

摇滚音乐博物馆(EMP)致力于探索流行音乐的原创与革新，它主要关注起源于爵士乐、灵魂乐、福音音乐、乡村音乐和蓝调的摇滚音乐的发展。业主认为一个致力于探索创新的博物馆应该处于一座能激发创新并具有激情的建筑中，因此聘请了国际公认的著名美国建筑师弗兰克·盖里设计这个方案。摇滚音乐博物馆(EMP)于2000年建成，新的建筑材料、理念和设计方法的应用使建筑发生了革命性变化。这座3252m²的建筑，其外表面积达到13000m²，坐落于离港口不远的西雅图市中心(图1)。

由于盖里比较喜欢古典音乐，他需要更多地了解摇滚音乐来获得设计灵感。他的研究包括去当地的吉他店购买了几把电吉他。回到办公室后，他便将这些电吉他切成碎片，作为早期模型设计中的构件。其中吉他的颜色范围成为最后设计中的一个重要方面(图2)。

该建筑的外墙融合了象征音乐活力和流动性的纹理及颜色(图3~5)。6个不同颜色的造型融合在一起，形成了博物馆。其中4个为含镍不锈钢外墙：镜面抛光且电化学着色为紫色的表面，带有无方向性划痕图案的自然银色表面，以及电化学着色呈金色的玻璃珠喷砂处理表面。这种着色方法可以用来制作全部的半透明色，包括金色、古铜色、紫色、蓝色、红色、黑色、炭黑色和绿色。

该建筑物繁复的三维设计需要使用非常复杂的计算机程序—CATIA，它最初是为设计战斗机而开发的。盖里是第一位将它用于建筑设计的建筑师。这种程序能将一个雕塑形体数字化，并转变成电子三维模型，用以设计金属外壳、结构混凝土和钢部件。摇滚音乐博物馆外墙上有21,000个金属片，每一片的形状和尺寸都不相同，它们被切割弯曲，最后精确地放置到设计的地方(图6)，从而构成一个非常精巧的三维拼图。板的加工和安装必须使用这一设计程序。含镍不锈钢如304和316不锈钢的使用是必要的，以便能成型出该项目所要求的复杂形状，而且也只有含镍的奥氏体不锈钢才能获得这种电化学着色的色彩范围，于是建筑的外墙板予以采用。该建筑中色彩为自然银色且具有无方向性划痕图案的部分采用的是316不锈钢，电化学着色呈紫色和金色的部分采用的是304不锈钢。电化学着色工艺加厚了保护性钝化膜，在一定程度上增加了建筑外墙耐腐蚀性能。

一般来说，对于处在低到中等污染的环境及距离海水8~16km范围内的建筑项目，应优先选用316不锈钢。该建筑自然银色表面的部分便是如此。虽然电化学着色能提高304不锈钢的耐腐蚀性，但效果还是不如316不锈钢。不过有几点因素使304适用于该地区：接触含盐环境较少、建筑形状利于雨水的冲刷、大降雨量和定期的维护清洗。

建筑物亮红色和淡蓝色的部分涂有铝。红色的铝涂层会随着时间的推移而褪色，最终需要重新更换墙板。而不锈钢上的电化学着色不会由于紫外线辐射而随着时间褪色，所以，不锈钢面板将与建筑同寿命（注意：不适当的打磨、酸清洗或故意的破坏行为会损坏电化学着色）。

当从不同的角度观看时，电化学着色的不锈钢表面的颜色和色调会变化，当墙板的形状是曲面时尤为明显。盖里正是利用这一效果来表示音乐的不断发展。在一天之中，建筑物上每个不锈钢部分之间颜色的相互作用也在不断变化（图7）。例如，紫色建筑能映射到与其相邻的自然银色建筑和周围的混凝土庭院区域。一些参观者认为，在傍晚时出现在路面上的紫色映像，就像吉米·亨德里克斯的脸。

含镍奥氏体不锈钢的选用，使盖里能够创造出以增强音乐创新为目的的建筑，而这正是该博物馆的发展宗旨。不锈钢不同的表面使建筑的外观不断变化，建筑表面形状的波浪起伏也进一步强调了这一设计理念。

*图片来源：A．Zahner公司、TMR咨询公司、盖里建筑事务所、RIMEX金属公司

3～5.建筑外观的造型色彩局部
6.建筑的施工过程
7.建筑表面的颜色反射

# 第一加拿大广场大楼
## ——英国伦敦

The First Canadian Square Mansion
London, UK

国际镍协会 Nickel Institute

1~4.建筑物外观及细部

金丝雀码头建于西印度公司的码头旧址，它曾是世界上最为繁华的港口之一，但在第二次世界大战之中，被炸弹严重损坏。尽管战后重建了港口设施，但航运业的变迁很快使其无法维持下去，并于1980年关闭，从而令伦敦的这一地区基本成为废弃的工业财产。后来政府启动大规模的改造工程，以使此地区恢复生气。为了纪念这一地区辉煌的历史，这一工程被称为金丝雀码头，以金丝雀岛的名称来命名。

国际知名的美国建筑师、出生于阿根廷的西萨·佩里，被选定来设计金丝雀码头综合性建筑的第一座建筑物——第一加拿大广场大楼（也被称为金丝雀码头塔楼），建造工程于1991年完工。这一标志性建筑以及地铁线的连通启动了该地区的改造复兴。塔楼共48层，高达235m，建成时是欧洲最高的建筑物，至今仍是英国最高的居住楼以及欧洲的摩天高楼之一。

第一加拿大广场大楼是一高大的方形棱柱体，其顶部为高39.6m、重达11t的四方角锥（图1）。其流畅的线条、特殊的不锈钢设计，为其后的许多建筑物提供了灵感。由于恐怖分子的威胁，原来的观光层已被关闭，因此旅客只能从地下购物中心和伦敦地铁系统的连接口进入。

第一加拿大广场大楼的外墙包覆了34,400m²的316不锈钢板，表面为奥托昆普的HyClad细麻表面。该表面带有织物状的三维图案，采用特别处理过的压花辊，将图案冲压在金属表面。这些图案可以分为两类：压花（单面图案）和浮雕（双面较深的图案）。在大型幕墙的应用中，它们具有许多优势。图案添加了纹理，且能够比平板更有效地散射光线，创造视觉乐趣。即使在明亮的光照情形下，光线漫反射程度的增加，也能够使得墙板看起来更为平坦。另外，在室温下将图案滚压在奥氏体含镍不锈钢表面，增加了其抗冲击性、耐划伤能力及强度。这一系列的特点，能够减少墙板的厚度。

选择稍带图案的、能散射光线的不锈钢覆层板，对该大厦建筑的表达是很重要的。不锈钢饰面层柔和地反映出光线和天空颜色的变化，即使在伦敦的大雾天气中，也能发出柔和的银色光泽。"它是一个耀眼的展示品"，佩里说，"在一天之中，由蓝色转为白色，再转为橙色，然后是红色"。它是世界上第一座整个外墙使用压花不锈钢表面建造的摩天大楼。该建筑独特的外观，使压花不锈钢表面在各类尺寸的建筑物上的应用变得十分普遍。吉隆坡的双子星塔及上海的金茂大厦就是运用这种压花表面的两个知名案例。

对于建筑物外立面，佩里使用了2.5mm厚的316不锈钢。指定316不锈钢用于建筑物外部应用是公司的标准做法。对于沿海或有防冻盐的城市环境，这种含镍和钼的奥氏体不锈钢具有较高的耐腐蚀性，并很容易成型为弯曲形状。建成17年后，尽管处于伦敦城市污染和沿海地区等腐蚀性环境，这些不锈钢依然美丽如初。

该设计流畅的线条利用了自然雨水冲刷，在设计中也包含了洗窗导轨，同样采用316不锈钢以利于手工冲洗。提供清洗以及光滑表面的选择能确保建筑物的外观不会随时间而变化。

金丝雀码头的改造工程还建造了不少其他的建筑。第一加拿大广场大楼的经验对后续建筑产生了积极的影响，316不锈钢被广泛运用于这些建筑的幕墙及其他外部细节，地铁站优雅的雨棚入口就采用了316不锈钢和玻璃。此外，304不锈钢也在建筑内部被大量应用。第一加拿大广场大楼这一杰出的不锈钢设计是具有永恒价值的优秀范例。

*图片来源：奥托昆普公司

# 大卫·劳伦斯会议中心
## ——美国宾夕法尼亚州匹兹堡
*David Lawrence Conference Center*
*Pittsburgh, Pennsylvania, USA*

国际镍协会 *Nickel Institute*

1. 大卫·劳伦斯会议中心的河畔景色
图片来源：阿里根尼技术公司
2.3. 会议中心的鸟瞰图和到散步甲板的走道
图片来源：匹兹堡会议当局

虽然许多人仍将匹兹堡与其过去的钢铁工业相联系，但它已经发生了巨大的变化。曾经高度的工业污染使城市的天空暗淡，甚至白天还需要路灯，然而这一切早已一去不复返了。现在这个城市已成为绿色设计研究中心，并成为全球绿色设计的领先城市之一，其人均绿色建筑数量比世界上其他任何城市都多。为了创造与该市这个新重心相一致的、创新的、可持续的会议中心，城市领导者通过举办设计竞标向竞争者们提出了挑战。

大卫·劳伦斯会议中心由Rafael Vinoly按照绿色设计的最高标准来设计，分阶段建造，并于2003年建成。它是世界上第一个绿色会议中心，也是世界上最大的绿色建筑。该建筑受到了美国绿色建筑委员会的最高认证——LEED（环保与节能建筑先锋）金奖。

建筑师通过采用全不锈钢屋面（304不锈钢）作为关键的外部设计元素，最大程度地降低了这座139,350m²的建筑对能源的需求。屋面隔绝的热量比许多其他屋面材料都要多，并结合自然通风系统和天窗，从而减少了能耗。会议中心自开放以来的数据显示，其表现超出预期。平均而言，该设计使展览厅有33%的展出时间不需要使用人工取暖或制冷。

建筑的不锈钢屋面从河面向上延伸到周围的天际线，在两者之间形成一个简单而鲜明的过渡。这个城市的许多桥给它以灵感，其造型与桥的拱形相呼应。从侧面观看，它有着帆船般轻盈优雅的外表。屋面底边有一个散步甲板，伸向河边供参观者观光使用。

由于会议中心处于河前的位置，所以采用不会产生有毒气体的屋面材料很重要。显然选择不锈钢是适合的，因为研究显示，它比其他普通屋面材料释放率更低，对环境没有危害。这使不锈钢成为环保屋面建造的理想材料。

考虑到会议中心的尺寸和可见度，低反射率对于屋面是很重要的，其不能干扰飞行员视线或把光反射到附近建筑，因此设计师选择了以前曾用于若干主要机场的特殊无光滚压表面。它的外观也模仿玻璃珠喷丸的表面效果。该地区偶尔发生龙卷风，而不锈钢屋面的设计能够抵挡飓风的风力。由于匹兹堡处于中度城市污染环境，并且屋面不接触盐类物质，因此304不锈钢应用于此是理想的。其将与建筑同寿命，并能100%再生。

# 千年公园云门雕塑
## ——美国芝加哥

Cloud Gate Sculpture at Millennium Park
Chicago, USA

国际镍协会 *Nickel Institute*

1. 白天云门雕塑映射出其周围的景象
摄影：彼得·卡勒
2. 云门雕塑表面映像特写
摄影：凯瑟琳·奥斯卡
3. 支撑云门雕塑外部不锈钢板的不锈钢构架
摄影：凯瑟琳·奥斯卡
4. 普利兹克音乐厅提供内部及外部音乐会场所
摄影：凯瑟琳·奥斯卡

芝加哥的新千年公园于2004年7月开放，是该城市建筑的一颗新明珠。2005年4月出版的《康德纳斯旅者》杂志将千年公园BP桥及云门雕塑列入新的"世界七大奇迹"，并将其纳为重要的游览胜地。尽管公园里有许多著名的建筑，但英国雕塑家安尼诗·卡普尔的316L(S31603)不锈钢"云门雕塑"最受世界的关注。

云门雕塑是不锈钢完美镜面抛光表面的杰出范例，重100t，长20m，高10m，是公园里较小的建筑结构之一。它由厚度为19mm的曲面镜面抛光316L不锈钢板制成，由配套的不锈钢结构件支持。不锈钢板被焊接在一起，然后处理焊缝，创造出无缝的完美镜面。支撑固定不锈钢板的结构支架（图3）也采用不锈钢建造，确保完成后的雕塑随温度变化均匀地膨胀收缩。

在白天或夜晚，雕塑的无缝椭圆形状完美地映射出芝加哥的天际线（图1~2）。它的中央向上弯曲，形成了一个12ft高的拱门，以及一个进入雕塑下方凹形空间的通道。游客可以进入这一区域，触摸其镜子般的表面，并从不同的角度看到映射出的自己的影像。雕塑像一个"豆"的形状，因此芝加哥居民叫它"芝加哥豆"。

安尼诗·卡普尔这样形容他创造这座雕塑的灵感："我想做的是，在千年公园创造一个能够连接芝加哥天际线的作品，这样人们将在里面看到漂浮的云彩，且会映射出很高的建筑物。由于它是拱门的形式，参加者能够进入凹形空间看到自己反射的影像，就像雕塑外部反射出周围城市的景象"。

芝加哥属中等程度污染，但是由于雕塑暴露于来自附近道路的防冻盐环境中，类似于处在沿海区域，所以采用316不锈钢是必要的。而选择这种低含碳量的316L不锈钢则是为了确保高质量的焊接。为了获得完美、无瑕疵的镜面表面，选择低硫含量（最高0.002%）的牌号也很重要（如果不锈钢中含硫量较高，微小的点状缺陷就会损坏镜面表面）。由不锈钢生产厂家奥托昆普生产的168块单独成形的不锈钢板被精心焊接在一起，形成雕塑。然后，焊缝被仔细地手工混合处理，使其不可见，以保持完美反射所需的均匀曲率（图5）。

在这个国际著名的公园里，所有的重要建筑结构都使用了316(S31600)或316L不锈钢。国际知名的建筑师弗兰克·盖里设计了公园里的两个主要建筑物——杰伊·普利兹克音乐厅（图4）和BP桥。音乐厅弯曲的不锈钢翅膀创造出理想的户外音乐场所。这些支撑音响系统的曲面板和柱，其表面采用无方向性抛光，而音乐厅的侧面为波纹状2B轧制。音乐厅下方的地下建筑容纳有全年的音乐会设备，许多内部构件普遍使用不锈钢。BP桥形状如蛇一样蜿蜒曲折，将公园的两个部分连接起来。桥外表面的不锈钢面板也采用无方向性抛光，与音乐厅相匹配，并柔和地散射光线。

这座新公园里最后一座著名建筑物是西班牙艺术家乔米·普伦萨设计的皇冠喷泉。1000个芝加哥居民的笑脸被投射在相对而立的两座玻璃砖墙上。玻璃砖墙由316不锈钢结构支撑件固定，供水系统将水从每个塔楼倾泻到水池中。

不锈钢在千年公园中的广泛应用，直接原因是业主渴望拥有一个庆祝新千年的壮观场所，且为城市增添一个长久的景观。最少的维护费用，持久耐用性，漂亮外观的保持，是不锈钢得到广泛应用的重要原因。这个不锈钢公园已成为游客休闲及享受世界级艺术的常年热门旅游胜地。

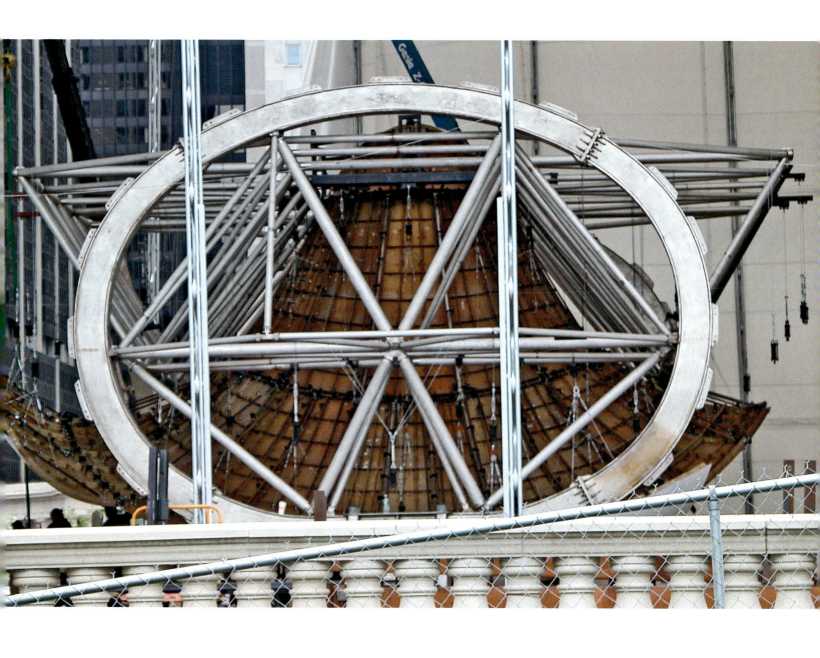

5. 云门雕塑完美地映照出芝加哥夜晚的天际线
摄影：詹姆斯·因坎普

# 鲁能三亚湾新城高尔夫别墅一期
## Golf Villas in Sanya Bay New Town by Luneng Group

开　发　商：鲁能地产
建筑/景观设计：澳大利亚GHD公司
项 目 地 址：三亚市三亚湾新城
占 地 面 积：19.73hm$^2$
建 筑 面 积：64,500m$^2$
容　积　率：0.326
绿　化　率：60%
项目设计总监：刘　亮
项 目 经 理：张　晔
项目规划团队：王　昱　李亚男　姜翠云
项目建筑团队：张永川　秦　斌　刘景欣　杜春博　宋　浩　杨根朝　陈焕朵

张　晔 Zhang Ye

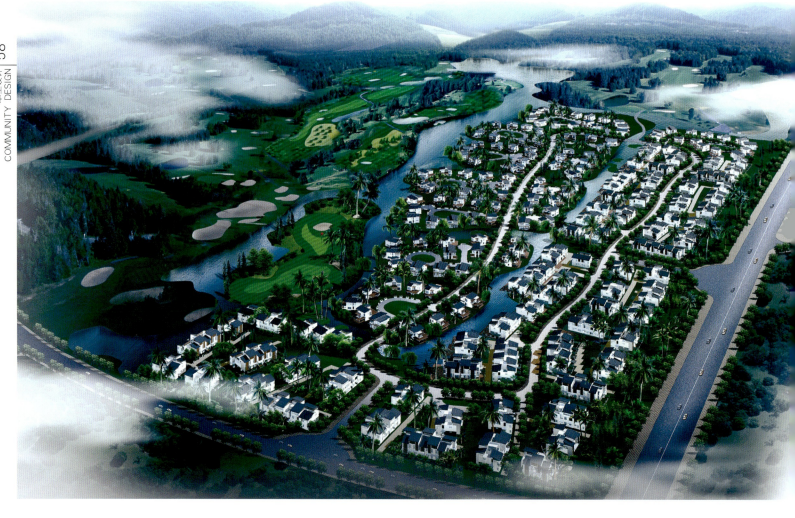

鲁能三亚湾新城高尔夫别墅一期项目位于海南省三亚市三亚湾新城西南部区域，背山面海，风景优美，距三亚市中心区8km，距三亚凤凰国际机场1km，出行方便。项目综合考虑了三亚的总体发展方向及旅游优势与市场需要，提出了"地域性城市设计"和"新都市主义"的整体设计理念。社区以中央水景为中心，各住宅组团灵活布置，水体、植物的精心设计，小品、节点的点缀，组成了一个多层次、具有热带风情的园林景观。建筑设计参照海南传统住宅的形制格局，结合三亚地区的特色，在建筑外观上把中国园林理念通过现代元素表达出来，充分体现了中式住宅的内涵。别墅户型种类多样，内部空间景观视野通透，通过地块内的水景设计、植物配景，形成了一个多层次、多角度的居住空间。项目作为集旅游、休闲、度假为一体的住宅区，将成为一个具有浓郁文化气息的精神场所、三亚湾新城城市绿地度假休闲设施和各方游客的第二居所。

## 一、项目背景

三亚市地处低纬度，属热带海洋季风气候，四季如夏，鲜花常开，素有"东方夏威夷"之称，最宜旅游休闲度假。这里聚集着"阳光、海水、沙滩、气候、森林、动物、温泉、岩洞、风情、田园"十大风景资源及多个享誉国内外的旅游景点和人文景观，是中国热带旅游资源最密集之地，也是人们冬季避寒度假休闲的首选旅游胜地。此外，随着人民生活水平日益提高，休闲经济也在快速增长，作为其主要体现之一的旅游业在最近几年呈逐年发展趋势。根据市场需要，旅游房地产项目的开发是时代所需，势在必行的。

## 二、设计理念

### 1.地域性城市设计

根据现代城市设计的发展历程和我国现阶段的具体国情，设计者提出了地域性城市设计的概念。其将文脉、场所与生态设计相结合，以时代发展的特点以及地域自然条件和人文条件的特点为依据，将会成为未来我国城市设计的趋势和方向。在地域性城市设计中应坚持设计与地域相结合的原则，其中包括两个方面：设计与文脉相结合；设计与生态相结合，即保护环境，维护生态平衡，人地共生共荣。

### 2.新都市主义

即寻求重新整合现代生活诸种因素，如居家、工作、购物、休闲等，试图在更大的区域或开放性空间范围内以交通线联系，重构一个紧凑、便利行人的邻里社区。与郊区化扩张模式相反，新都市主义赞同将不断扩张的城市边缘重构，使其形成具有多样化的邻里街区，而不是简单地成为人们居住的"卧城"。因而，三亚湾高尔夫新城项目

定位由一期的休闲度假基地转换成为二期的可提供各种生活的第一居所，由单纯的度假模式转变为低密度的生活及家庭办公模式，顺应了新都市主义的潮流。

3.设计切入点

高尔夫旅游业是现今最热门的新兴产业，其注重人与自然的亲近和交流，把优雅的礼仪与健体竞技融为一体的特色赢得了越来越多高尔夫旅游者的喜爱，具有无限的发展前景，蕴藏着广阔的连带性产业和巨大的商机。国内房地产市场对"别墅"一词指代不专，真正的别墅——Villa，并非Townhouse，而是一种"生活方式"的体现。在被繁忙与杂乱包围的现代社会里，能够悠闲地度过生命中的一段时光，是对人生的关照，因此度假成为人们生活的调节剂。

三、规划构思

本项目规划定位为：形成一个集旅游、休闲、度假为一体的住宅区，兴盛的度假空间，以及具有浓郁文化气息的精神场所。

社区分为两部分：西南侧的联排住宅以组团的形式灵活布置，外部为高级区，布局更自由多变，少则三五栋，多则十二三栋住宅环绕组团中心摆放，在形成围合邻里交往空间的同时，也让每户拥有了城市绿地和中心庭院的双重景观。

住区出入口设立在南侧与西侧，与城市道路相连，东部的城市绿地休闲道直接通往会所。整个社区内部各组团由一条环状路相联系，使住户能充分享受到它的便捷与舒适。这样将使该区域既融入城市绿地的环境景观，又自成一体。

四、景观环境

景观的三大区域由北向南依次是：东北部的城市绿地景观、"岛"形住宅区的实地景观、联排住宅区内的热带度假村景观。住宅区景观层次包括：公共景观节点、道路景观、滨水区的景观节点、小院景观。

水系的处理是从大水面，到水面包围"岛"，再到向联排住宅区渗透，水的形态在此渐变为溪流和水池。植物的栽种主次分明，疏密清晰，尽可能减少了铺地与广场空间。住宅区的道路景观延续了城市绿地的风格，道路两侧和住宅间的绿地处理成缓坡草地，塑造地形。小院及公共景观的节点，则注重植物的搭配以及与构筑物间的虚实处理，营造出自然细腻且具有热带风情的景观效果。

### 五、建筑设计

海南传统住宅的形制格局一般为独立院落式砖瓦房，堂屋是其主体，也是家族的中心。一般民居院落围墙旁都种有果树，既起到美观、绿化的作用，又可遮荫降温。根据海南民居的特点，三亚湾新城选用了独立式院落、水景宅院、椰树景观等元素，结合三亚地区的特色，在建筑外观设计上，试图创造碧海、蓝天、白墙、灰瓦、红窗的视觉感受。在考虑整体环境及特定环境基础上，把中国园林理念通过现代元素进行充分表达，用对景、远近景结合的方式，把建筑融入到环境之中，充分体现中式住宅的内涵，给业主带来全新的居住理念与感受。外立面材料选用有细小颗粒，具备漫反射效果的灰泥，因此在强烈阳光的照射下，建筑也不会因外观的白色而过分刺眼。窗户则采用不同的百叶进行遮阳处理。

### 六、户型布局

设计师在满足市场需求的前提下，本着人性设计的要点，为业主提供了多种选择方式，包括功能房间和个性房间的设置。他们摒弃了以往住宅设计的固定思维模式，在度假产品中设计了花园露台、视听室、酒吧间、台球厅、书画室、琴房、瑜伽室、合室等多功能用房，并设置了卧室阳台前的露天浴缸，同时在一楼的水池内放养观赏鱼，从而使景观视野通透，形成了一个多层次、多角度的居住空间。

作者单位：澳大利亚GHD公司

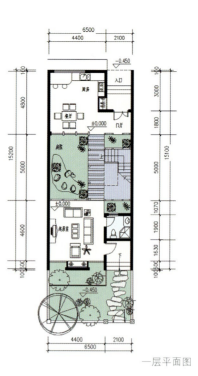

一层平面图

二层平面图

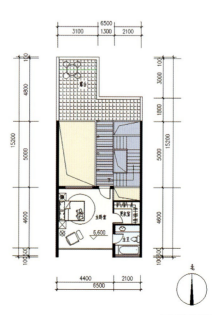

F户型平面图　　三层平面图

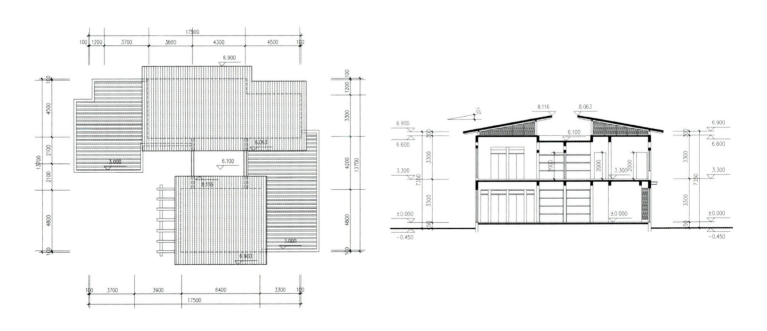

B户型屋顶平面图　　　　　　　　　　B户型剖面图

B户型一层平面图
本层建筑面积155.03m²
总建筑面积258.53m²

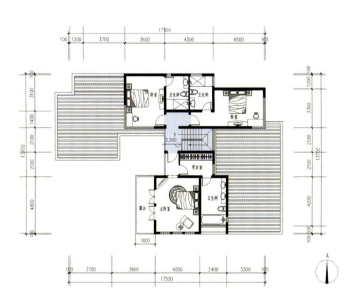

B户型二层平面图
本层建筑面积103.50m²

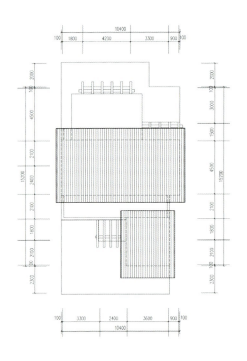
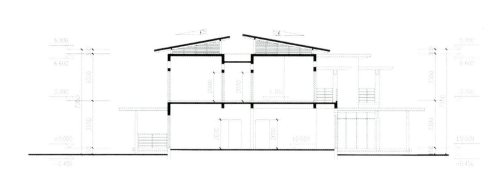

C户型屋顶平面图

C户型剖面图

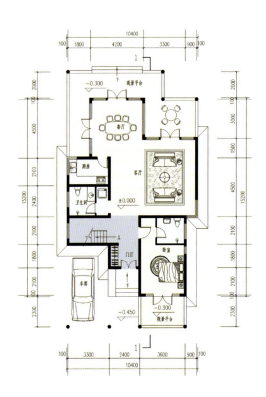
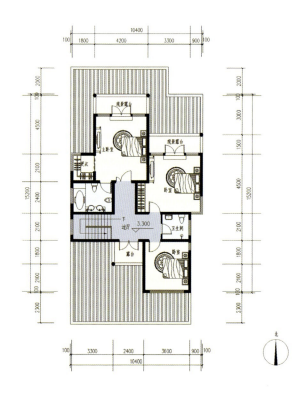

C户型一层平面图
本层建筑面积114.07m²
总建筑面积210.92m²

C户型二层平面图
本层建筑面积96.85m²

# 世界岛之澳洲岛
## Austrilian Island in World Island Project

张 晔 Zhang Ye

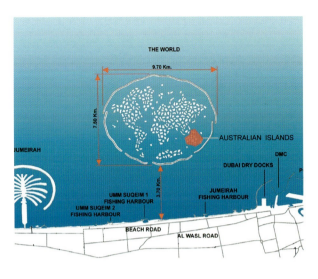

迪拜曾是阿拉伯湾一个朴素的小镇，20世纪60年代以后，其因为发现石油而变得富庶。缘于对该能源消耗殆尽的担心，迪拜走出了一条独特的城市可持续发展的经营模式。"炫耀式的成长"与奢侈的设施仅仅是这个城市的表面，在其酋长国管理模式的背后，有着一个庞大的智囊团进行城市的规划、定位——持续开发、长期经营。迪拜的真正奇迹是城市管理、高质量的公共服务，及价值和文化方面深层次的变化。建设港口、开发世界岛和棕榈岛等仅仅解决了如何吸引外来人口的问题，而如何让他们变成长期从事商业活动的投资者或者进行持续消费的居民则是其发展模式的核心。标志性建筑可以用金钱堆砌，而价值观、文化、生活态度却是无法模仿的。服务的质量，居民、投资者和游客对于城市生活的满意构筑了这个城市的精神面貌。本期《住区》刊出"世界岛之澳洲岛"的规划设计，其不仅想规划出一个发展大众旅游的观光景点区，而是像整个迪拜一样，经济增长的主要考虑是如何为钢筋混凝土加入鲜活的血液。这也是我们应向迪拜学习的精神内涵所在。

### 一、概况

Nakheel集团依照世界地图的布局，在距离位于波斯湾、夏尔迦的西南，阿布扎比的东北，并往陆地内延伸的阿联酋第二大酋长国迪拜海岸4km的海域内兴建了300座人工岛屿——"世界岛"，长9km、宽7km。"澳洲岛"是其中距离迪拜城最近的岛屿之一。它的发展从建立一个基础模型和框架开始，再通过建立一个核心带动周边社会零售及休闲公寓的发展，以实现靠近大海生活的梦想，创造多元的、充满活力的海上社区（图1~2）。本项目邀请了来自澳大利亚的顾问团队，他们分别为：WOODS BAGOT建筑师、规划师团队，GHD工程师团队，DAVIS LANGDON测绘团队，PROMAN项目管理团队。

### 二、规划构思

"澳洲岛"由象征澳大利亚、新西兰和巴布亚新几内亚的岛屿群构成。在思考岛屿群形态的过程中，我们发现澳大利亚原始居民的艺术对澳大利亚地貌的改造有很深的影响。尤其当从空中俯瞰一些地区的地形时，会发现其明显呈现出本土文化的艺术形式。在广袤的澳大利亚地理景观中，由于气候的影响，雨水积聚在沙地上形成盐池，再经过风干形成很明显的圆形。同理，当沙子被倒入到水中，也会形成柔和的曲线边界。那么，我们将要建设的群岛也将会在水的作用下，最终形成一系列的圆形。象征各大洲的群岛并不一定要与现实中保持相同的形状或地理形式，然而有一些相似点是至关重要的，这样能给人们一定的认同感和归属感。另外，考虑到岛屿开发潜力的最大化以及对路适销的房地产策略，必须最大化岸线的长度，才能使享有单独海岸的地块数量最多。

### 三、规划布局

"澳洲岛"以中心活力岛群为核心，服务于周边不等密度的住区岛，各岛屿对内、外的航运十分重要。整个规划由一个中央活力区、一个旅游接待区、三个港口、十二个住区岛构成。中心活力岛群是中心枢纽，毗邻别墅地块。住区岛则尽可能最大限度地使泳滩临街，岛上提供独特的设施，为人们创造难忘的康乐生活。

#### 1. 中央活力区

中央活力区被称为玛丽娜湾，由酒店岛、灯塔岛和两个具有混合功能的岛屿构成。这里设置了规模化的商业，功能混合的岛屿提供了玛丽娜公寓和运河家园两种住宅类型（图13）。这里也是高密度开发的区域，设有酒店、豪华公寓、零售、餐厅、咖啡馆及多种休闲设施（图19~21）。酒店岛上的岩酒店是本区域的地标，设有200间客房及独家零售商店，由内部中心大厅联系起来，每个房间都有不

1. 澳洲岛区位图
2. 澳洲岛规划图
3. 珊瑚码头
4. 海湾码头

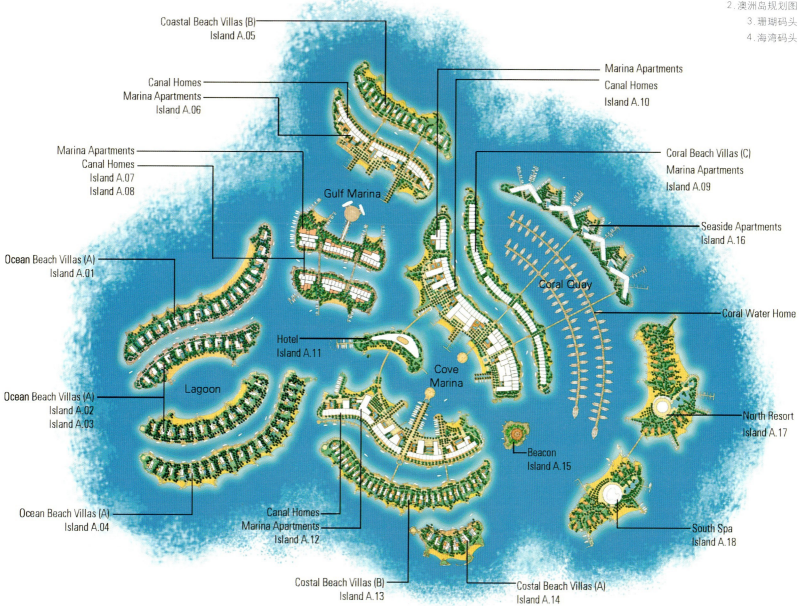
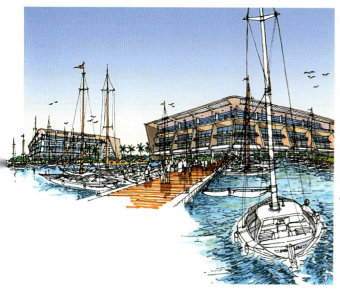

5. 酒店岛效果
6. 酒店岛区位
7. 灯塔岛效果
8. 灯塔岛区位

9. 玛丽娜公寓区位
10. 玛丽娜湾长廊
11. 玛丽娜公寓效果
12. 玛丽娜湾港效果
13. 玛丽娜公寓和运河家园户型平面

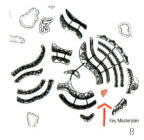

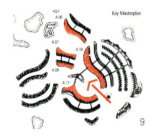

间断的海港活动,以独特的方式迎接来岛的客人(图5~6)。灯塔岛不但为归航的人们指引方向,还是夜晚的标志性景观(图7~8)。玛丽娜公寓在地面一层设有餐馆、商店及社区服务设施,四周是游艇码头和布满休闲设施的滨水长廊,交通和生活十分便捷(图9、11)。运河家园靠近玛丽娜湾和零售购物区,设有精致的小户型、公众泳滩及步行通道,紧邻中央运河水道,交通便利(图14~18)。玛丽娜湾是"澳洲岛"上最活跃的地方,有巨型甲板和长廊等独特景观,水面上浮满了船只、小渡轮和水上的士(图10、12)。

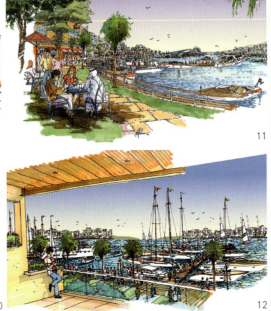

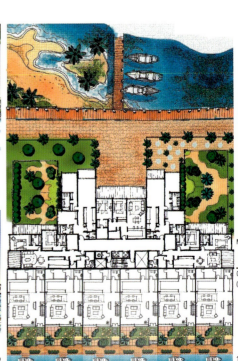

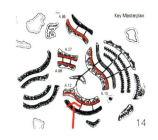

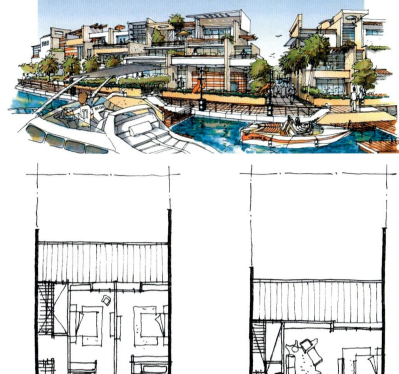

14. 运河家园区位
15. 运河家园户型底层平面
16. 运河家园效果
17. 运河家园户型二层平面
18. 运河家园户型三层平面

玛丽娜公寓（A06、A07、A08、A10、A12）经济技术指标：
住宅套数：1352套
地块面积：94,735m²
比例：24.06%

运河家园（A06、A07、A08、A10、A12）经济技术指标：
住宅套数：168套
地块面积：53,445m²
比例：13.57%

19. 休闲及零售点区位
20. 零售商场
21. 滨水休闲带

22. 海洋沙滩别墅户型底层平面
23. 海洋沙滩别墅北侧效果
24. 海洋沙滩别墅南侧效果
25. 海洋沙滩别墅户型二层平面
26. 海洋沙滩别墅区位

2.旅游接待区

位于澳洲岛东南角的两个岛屿分别为北度假村岛和南温泉岛。这里有世界级标准的度假酒店，酒店设有私有船坞和泳滩，北岛的精品度假酒店直接连通南岛的水疗设施。水疗中心开放给度假的旅客，他们中有些是当天往返的。

3.港口

第一港口是珊瑚码头（图3），位于"澳洲岛"东部偏北，由迪拜驶入的船只主要从这里抵港，这也恰似悉尼和其港口的地理位置。第二个港口是海湾码头（图4），象征地理上的卡奔塔利亚湾，是"澳洲岛"与"世界岛"其他各大洲联系的重要港口。第三个港口是玛丽娜湾码头，作为主要的内部港口为岛上居民提供便利服务，是岛上最喧嚣热闹的码头（图33～34）。

4.住区岛屿群

以住区为主的12个岛屿提供了多样化的居住产品。

（1）海洋沙滩别墅：享有私人泊位和住户脚下的私人白沙滩，别墅与海湾之间可以根据主人的喜好布置私家花园及泳池，住户可享受无止境的阳光和蓝色海洋（图22～26）。

（A01、A02、A03、A04、A14）经济技术指标：

住宅套数：69套

地块面积：92,635m²

比例：23.52%

（2）沿海沙滩别墅：拥有私人后院泳滩、私人泊位以及专门设计的私人花园等独特设施，与海洋沙滩别墅之间最大的区别在于这里的住户享有行人通道，直接通向热闹的码头（图27～31）。

（A05、A13）经济技术指标：

住宅套数：43套

地块面积：35,540m²

比例：9.02%

（3）珊瑚海滩别墅：这里设有公共泳滩、私人泊位以及直接连通商业繁华区的桥梁，水上交通和步行都非常便捷（图32～35）。

（A09）经济技术指标：

住宅套数：42套

地块面积：11,215m²

比例：2.85%

27.沿海沙滩别墅户型二层平面
28.沿海沙滩别墅区位
29.沿海沙滩别墅北侧效果
30.沿海沙滩别墅南侧效果
31.沿海沙滩别墅户型底层平面

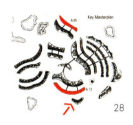

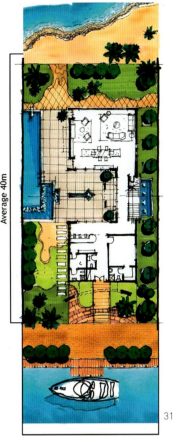

32.珊瑚海滩别墅区位
33.珊瑚海滩别墅户型二层平面
34.珊瑚海滩别墅效果
35.珊瑚海滩别墅户型底层平面

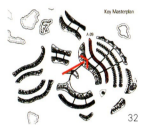
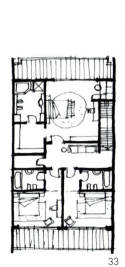

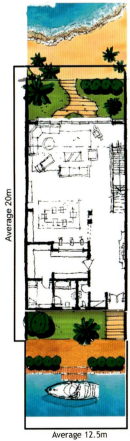

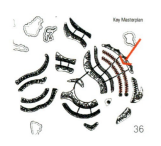

36. 珊湖水家园区位
37. 珊湖水家园户型二层平面
38. 珊湖水家园透视
39. 珊湖水家园北侧效果
40. 珊湖水家园户型底层平面

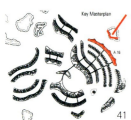

41. 海滨公寓区位
42. 海滨公寓北侧海景
43. 海滨公寓北侧效果

44.海滨公寓户型平面

(4) 珊瑚水家园：这里提供独家酒店式公寓，设有桥梁直接连通商业繁华区。建筑风格现代，每个居住单元都有自己的甲板享受水上活动（图36～40）。

(5) 海滨公寓：与最大的码头相邻，交通便利，广阔的海洋景观尽收眼底（图41～44）：

(A16) 经济技术指标：

住宅套数：160套

地块面积：20,125m²

比例：5.11%

**四、综合配套设施技术路线**

项目通过常住人口、旅游度假人口、岛上居民雇员、旅游业服务人员、运行和维护基础设施的人员、岛上物业服务人员、零售业人员、水上交通服务人员的指标来安排综合配套设施和水上泊位。交通方面除了水上的士、渡轮、游艇等设施外，还设计了各种物品的存取与运输系统，将各种交通需求及交通流量作为水上航道的设计依据，并提供完备的全球定位导航系统避免航船迷失方向。为便于游客适应独特的物理环境及地理气候，设计了中央冷却系统。除了设计外围防水堤防海浪侵袭外，还布局了灾难恢复等防灾系统，制定了关于居民安全和保障的保护措施。岛上将实现公共服务电子化，管理方面拟定了资产管理、风险管理、设施管理等计划。同时以生态可持续发展、健康环境、独特景观为原则，做了详细的景观规划和环境保护规划。在基础设施方面，充分研究了海洋和海洋问题，先通过岩土工程、沿海输沙计划进行填海，然后布局电力、电信、供水、污水收集等系统，实现对海上社区基础设施的支持。工程管理则通过分期建设和施工进度控制保障"澳洲岛"工程的实施。

作者单位：澳大利亚GHD公司

# 杭州中浙太阳·国际公寓设计
## Design of Sun International Apartment Building in Hangzhou

肖 蓝 Xiao Lan

发展商：浙江中浙房地产有限公司
规划和建筑方案：深圳华森建筑与工程设计顾问有限公司
初步设计：深圳华森建筑与工程设计顾问有限公司
施工图设计：浙江省工业建筑设计研究院
竣工日期：2006年
用地面积：5.02hm²
总建筑面积（含地下）：190,008m²
计容积率面积：145,600m²
容积率：2.88
总户数：1286户
机动车总车位：940辆
覆盖率：12.67%
绿地率：62.33%
住宅层数：30～32层

[摘要] 本文通过对太阳·国际公寓的工程设计介绍，阐述了笔者对水岸居住社区规划方法的思考，对于高品质住区设计有一定的借鉴意义。

[关键词] 开放态势、酒店式规划、竖向设计、创新户型、简约风格

Abstract: By introducing the design of Sun International Apartment Building, the author depicts reflections on the waterside community planning during the design process.

Keywords: open configuration, hotel planning, vertical design, creative apartment layout, simplified style

## 一、项目概况

本项目位于杭州钱塘江南岸滨江新区科技工业园内，用地面积5.02hm²。基地呈规则的矩形，南北用地长251m，东西长200m，现状为一片低洼地。北侧江堤的地势较高，四周道路由北向南降低。设计利用这片洼地做成半地下生态车库，将住宅抬高至周边市政路的标高以上。车库平台上建设两栋长板式高层住宅和一栋点式高级公寓，总建筑面积19万m²。

## 二、规划概念

### 1.以开放态势布局

总体规划考虑基地临江的特点，采用向江岸展开的布局方式，两栋曲线形的高层住宅和一栋椭圆形的高层公寓积极地接纳了1100m的宽阔江景，并自然分隔出三个不同性质的庭园空间，每个庭院都有一面向城市打开，突出了国际化的开放特性。南北两栋建筑间110～135m的净距让中心庭院成为主景区。北面以连廊相接的是江岸会馆，横向伸展，是观赏江景的最佳位置，前面的庭院布置观江休闲区域，是观赏性的庭园。两栋南面围合的空间邻近入口，布置了商业服务设施，是商业性庭园。

### 2.酒店式规划方法

为最大限度地贴近住户的行为需要，设计采取了住区遵循酒店式服务的方法。在小区人行的主入口设计有独立的小区大堂，承担接待、展示和提升输送的功能。住户进入社区大堂，循着庭园中的半室外楼梯和电梯上至居住平台层，而后沿着环通全区的风雨长廊漫步回家。风雨廊架设在庭园之上，一路风景不断，连通了各栋的架空层。除了气派的单元入口大厅，架空层还布置了一些清雅的店面，沿着缓弧的长边形成一条别致的内街，在与风雨廊的交点，延伸向北部江岸的住客会馆。小区中心的椭圆形公寓大堂夹层设有公寓会客厅，供公寓住户待客用。屋顶层还设有江景餐厅，满足公寓住户的需要。酒店式规划从住户进入社区开始，便提供着全程的关怀与保护。

### 3. 交通组织

小区的车行主入口设于南端道路上，半地下车库与路面的标高只相差1m多，所以从各个出入口停车入库都是一件易事。小区的人行入口则设在西侧，这里有豪华的住客大堂通往住宅平台层。车行交通组织在6.5m左右的标高上完成，人行的交通在11m标高的平台上组织，与车行交通完全分开。室外高高低低的平台为步行增添了很多乐趣。空中廊道将各栋住宅首层串接起来。交通在竖向方便地贯通，在横向（同层空间）更是畅通无阻。平台层是步行的乐土，而下沉的中心庭园也是散步的好去处。同时在院中布置了生态雕塑园、绿色地台、流水瀑布等景观，减小车库内墙对庭园的视觉影响。

沿小区外的消防道是成环的。在区内，消防车可沿4m宽的硬质铺砌到达居住平台上，并接近每一住宅单元，在平台上完成扑救。每栋住宅长边上，布置了18m见方的消防登高场地。

### 4. 竖向设计

前面已提到，设计将现状的低洼地做成半地下架空车库，在平台上建造住宅。车库是延基地的三个边布置的，呈"]"形，西边向区外打开，形成开放的下沉式中心庭园，庭园的标高设计为与西侧路标高相近的6.5m，车库顶的标高为11m，4.5m的高差在庭园内通过层层的绿台和草坡、跌水，处理成丰富多变的立体景观，而在区外侧则全部开敞，自然采光通风。平台上是住宅的架空层，小区商业服务安排在下层道路标高层面，既方便区内外的人们共享，也可排除其对生活空间的干扰。

## 三、建筑设计

### 1. 创新户型，探索杭州高层特色

在杭州以及江南地区，住宅对于南向阳光的要求是不能忽视的，但北向的江景亦是本基地珍贵的条件。为兼得"鱼与熊掌"，我们在江岸150m长的百米高层中创造了全一梯两户的奢侈户型，让全部住户观景客厅朝江，卧室面南。户型的难点在于将实用率控制在一个可以接受的范围内。我们将两部剪刀梯的通道与住户的辅助用房"共享"，利用户内面积完成每户消防通道与前室的设计。这样，126m²住宅的使用率达到了80%以上，与普通一梯四户的高层相当。这一设计既满足了南向采光和户内通风的要求，又解决了高层一梯两户缺乏经济性的问题。因地价的飙升，高层住宅的普及无可避免。但居民对于长期居住的多层与中高层住宅仍存有很大的留恋。这一创新户型相当于小高层住宅的提升，可能成为本地区的特色户型。

### 2. 简约风格，匹配高新区特质

立面的设计，与规划布局一样，简洁而富有现代气息。

设计从整体出发，把住宅中不易统一的阳台、凸窗、挑檐等建筑元素整体规划，从而使内部空间富有变化，而外立面却更规整。

建筑立面色彩以沙漠金为主基调，迎合水边建筑素净、唯美的特色，与灰色透明玻璃和铝板装饰构件相搭配，造就精致、一体的前卫形象。弧形建筑顶部采用空灵的铝构件组合成网状的曲线板，上面设计着"SOLAR"的小区标志；阳台以发丝不锈钢横杆和整片的透明玻璃作围护，对视野景观的引入全无阻碍；墙面设计为仿铝板的氟碳喷涂涂料，与灰色玻璃融为一体。

### 3. 生态及环保

用地与沿江路之间的堤岸区域环境，设计为观江的木甲板，尽量不进行大规模的改造，亦不建永久性的建筑小品，保证20m堤岸的紧急使用。

根据杭州地方规定，半开敞车库的废气需进行高空排放，故在住宅凹缝中设置通顶的排风井。从方案的自身情况来看，其有条件通过侧向排风排出废气，再通过茂密的绿化来过滤尾气，释放尽量多的洁净空气。因此采用高空排放结合侧向排风的方法，是比较有效的方案。

### 4. 环境设计

环境设计为自然、流畅的城市森林。平台上预留了1.2m的覆土层，除消防道保留硬地外，其余皆设计成各种形式的绿化空间。平台中央低地设计为自然的峡谷带，配以浅水流。高大的林木栽植于此原土区，同时遮挡由平台下来的管井。另外，在竖向上结合车库挡墙进行了立体绿化设计，成为小区对外展示形象的窗口。

这一项目尝试了北岸邻水住区的规划方法，就市场接受程度看，应算一次成功的经验。对自然景观的利用和设计对人的尊重，始终是本项目规划设计的重心。

---

作者单位：深圳华森建筑与工程设计顾问公司

# 广东东莞市天娇峰景
## Tian Jiao Feng Jing Project, Dongguan, Guangdong

规划总用地：14.65hm²
地上建筑面积：443483.7m²
容积率：3.0
绿化率：50%
最高层数及高度：31层(99.9m)

加拿大CDG国际设计机构
Canada CDG Design International

天娇峰景位于广东东莞市东城中心，南临高尔夫球场及旗峰山，集都市的繁华便利与自然旖旎风光于一身，是东莞市最高端的楼盘之一。

项目占地14.6hm²，地上总建筑面积44.3hm²，高度100m。作为高容积率的"豪宅"楼盘，天娇峰景在规划布局上非常简洁。高达百米的楼群沿地段北端一字排开，凭借地段东西面宽开阔的优势，形成雍容大度、气势恢宏的整体形象。流畅而错落有致的单排建筑布局，将整个地块南侧空间腾出作为花园，同样形成了颇具震撼力的大尺度景观空间。

整个花园坐落于半地下车库顶板之上，比外围道路高出3m，形成台地景观效果，更隔绝了视觉与噪声的干扰。台地沿路一侧的数百米景墙，也成为了一道特殊风景。规划最大范围地保留了原始地貌中的山体，结合台地的竖向景观，在近人尺度上形成丰富的空间层次变化，加上数百棵移植的名贵成树，使走近的人的视线完全保持在绿化的层面上，回避了高层楼群给人带来的压迫感。另一段建筑风格强调"内敛的奢华"。现代简洁的立面，配以沉着凝重的深灰色调，表现沉稳而不繁复的气质。在这里，住宅建筑的对称、单元重复的外观被代之以整体而富动感的造型，从而打破了单元的界限。

建筑外墙采用了多种新型材料，虽没有在视觉上增加楼体的奢华感，却实在地提升了居住品质。

外墙材料：
1.主入口构架：黑金砂大理石
2.大堂入口外墙：金钻麻大理石
3.一层与二层外墙：芝麻灰花岗石
4.阳台：黑色氟碳漆（顶级外墙漆）
5.主墙面：蓝灰色氟碳漆（顶级外墙漆）
6.立面构架：白灰色氟碳漆（顶级外墙漆）

氟碳漆属于中层加高弹性中层漆，作用是抗裂，另外，其还具有耐候、抗老化、保色、抗污等功能。
外窗采用中空FTI贴膜玻璃，其技术优势如下：

标准层平面图

| 标准层面积指标 | | |
|---|---|---|
| 标准层 | 建筑面积 | 488.8m² |
| | 公共建筑面积 | 44.7m² |
| | 实用率 | 91% |
| A1户型<br>(五室两厅) | 套内建筑面积 | 210.8+11.6=222.4m² |
| | 建筑面积 | 244.4m² |

11号楼标准层平面图

| 标准层面积指标 | | |
|---|---|---|
| 标准层 | 建筑面积 | 596.6m² |
| | 公共建筑面积 | 42.2m² |
| | 实用率 | 93% |
| A1户型<br>(五室两厅) | 套内建筑面积 | 210.8+11.6=222.4m² |
| | 建筑面积 | 244.4m² |
| A1户型<br>(五室两厅) | 套内建筑面积 | 286.4+23.6=310m² |
| | 建筑面积 | 333.3m² |

LOW-E中空玻璃与FTI玻璃贴膜对比

| | | | |
|---|---|---|---|
| 功能 | 1.隔热性能 | LOW-E中空玻璃 | 27~35% |
| | | FTI玻璃贴膜 | 最高达79% |
| | 2.重量比 | LOW-E中空玻璃 | 8+9+8的规格每平方米的重量约为60kg,对建筑造成很大的负重,特别是发生地震、台风等自然灾害时 |
| | | FTI玻璃贴膜 | FTI玻璃膜自身重量可以忽略不计,可以加上一般的普通玻璃,不会给建筑增加自重负荷 |
| | 3.防紫外线 | LOW-E中空玻璃 | 防止紫外线20%左右,不明显 |
| | | FTI玻璃贴膜 | 高达99%以上 a.保护家具及艺术品不褪色 b.阻止眩光对视力的伤害 c.防止皮肤癌 |
| | 4.透光性 | LOW-E中空玻璃 | 良好,双向透视 |
| | | FTI玻璃贴膜 | 良好,具备单向及双向透视,有效地保护个人隐私 |
| | 5.抗撞击力 | LOW-E中空玻璃 | 正常玻璃的抗撞能力 |
| | | FTI玻璃贴膜 | 抗撞击力度是普通玻璃的4~20倍,抗张力度高达2000kg/m² |
| | 6.隔音性能 | LOW-E中空玻璃 | 好 |
| | | FTI玻璃贴膜 | 较好 |
| 安装及维护 | 1.安装成本 | LOW-E中空玻璃 | 施工难度较高,30~80元/m²左右 |
| | | FTI玻璃贴膜 | 免费安装,维护简单 |
| | 2.日常维护 | LOW-E中空玻璃 | 清洗方便,但维护较难,容易雾化 |
| | | FTI玻璃贴膜 | 与普通玻璃的清洗无异,在玻璃内侧,日常维护方便简单 |
| | 3.维护 | LOW-E中空玻璃 | a.容易产生露点,在玻璃内部雾化,无法清洗 b.必须量身定做,更换成本高,周期长 c.小面积生产很麻烦,因无货源,所以维护时间长 d.3%的自爆率 |
| | | FTI玻璃贴膜 | 维护简单方便,公司提供三三服务制度;a.30分钟响应问题 b.3小时内解决问题 c.3天内结束问题 |
| | 4.使用年限 | LOW-E中空玻璃 | 无质保期,使用安全无保障 |
| | | FTI玻璃贴膜 | 可使用25~30年,保质10年厂家提供10年电子质保卡 |
| 投资受益 | 1.节约能耗 | LOW-E中空玻璃 | 隔热率只有30%,只能节省空调用电的5% |
| | | FTI玻璃贴膜 | 隔热率高达79%,正常情况下可省空调用电的30% |
| | 2.营销策略 | LOW-E中空玻璃 | 一般国家规定及普遍采用 |
| | | FTI玻璃贴膜 | 国家大力提倡,用于高档场所,提高建筑物的档次 |
| | 3.成本 | LOW-E中空玻璃 | 成本较高,且无附加值 |
| | | FTI玻璃贴膜 | 成本低于LOW-E中空玻璃,且有附加增值服务 |
| | 4.社会效应 | LOW-E中空玻璃 | LOW-E中空玻璃的使用已经很普遍化、大众化,使用LOW-E中空玻璃没有新颖之处 |
| | | FTI玻璃贴膜 | 可使该医院成为节能示范先进单位,为医院创造良好的社会效应 |
| | 5.业主利益 | LOW-E中空玻璃 | 维护工程难度较大,给医院带来不便 |
| | | FTI玻璃贴膜 | 可享受多项附加增值服务 a.为医院节约30%的空调费用 b.有效防止紫外线,减少其对人体的伤害 c.有效保护皮肤,大大减少皮肤癌发病率 d.防眩光减少光污染,有效保护视力 e.安全防爆,阻止不法分子侵入和玻璃破碎飞溅对小孩的伤害,是无形的保护屏障 f.有极好的私密效果,统一医院的外观,也不影响欣赏室外景色 |

# 这个行业使我有种优越感
## ——对话邱慧康
*This Profession Gives Me A Feeling of Superiority*
*Interview with Qiu Huikang*

《住区》 *Community Design*

邱慧康先生毕业于华中理工大学建筑学院，曾担任香港华艺设计顾问有限公司高级建筑师、香港公司副经理。现任深圳市立方建筑设计顾问有限公司执行董事、深圳市库博建筑设计事务所执行董事，国家一级注册建筑师。

参与并主持项目：深圳华侨城中心花园、深圳华侨城锦绣三期、深圳喜年中心、佛山市新闻中心、西安电子科技大学新校区、上海英皇明星城、深圳花样年华香年广场、深圳联泰大厦、深圳鸿荣园熙园、深圳波托菲诺天鹅堡、深圳碧海云天、武汉美好家园等。

**《住区》**：回顾您的建筑生涯，建筑行业最吸引您的地方是什么？您怎样看待自己的职业？

**邱慧康**：我觉得建筑行业最吸引我的地方在于它会提供很多的机会让我可以时刻面对新的挑战、尝试新的想法。同时，又会给我很多的享受，带给我一种有趣的生活。它像一个海洋，而我可以像海绵一样从中吸取很多东西。从事这个行业在一定程度上使我有一种优越感和荣誉感。虽然当初选择这个行业的时候并不是很了解，但是看似偶然的事情，其中也有一定的必然。如果当初我选择了不是很喜欢的职业，最后还是会走到这个行业里来。

**《住区》**：您认为建筑师应具备怎样的品质？

**邱慧康**：作为一名建筑师，首先需要有一种涌动的、蓬勃的、求新求异的激情与热忱。有一个前辈曾经这样形容建筑："something new, something different, something interesting"，我非常赞同他的理解。第二，建筑师应该具有换位的思维，因为建筑终究是服务于人的。狭义点来讲，它服务于使用它的人，广义上来说，它甚至可以影响到每个看到它、接触它的人。所以说建筑师需要站在使用者的角度思考建筑。第三，建筑师应该有毅力、坚持并且有所取舍。对于应该"取"的，建筑师要有足够的毅力坚持；而对于应该"舍"的，就要毫不犹豫地放弃。

**《住区》**：在多样化、个性化日益为人们所重视的今天，您在设计中是怎样满足居住者的使用愿望的？当居住者的使用愿望、设计师的想法和开发商的利益出现矛盾时，您是怎样平衡的，即对于使用者利益、建筑艺术与商业价值，您有怎样的取舍？

**邱慧康**：对于居住者的使用愿望，建筑师有两方面的工作：第一，对于居住者既有的愿望与要求，建筑师应予以充分的考虑和满足；第二，建筑师应该有敏感的触角、前瞻的视野和创造性的思维，力求通过自己思维及情感多层次的复杂精妙的念想，撞击、创造出全新的、高品质的生活方式。

当居住者、设计师及开发商发生矛盾时，我认为首先应该摆正这三者的关系。居住者是真正的使用者，他们的愿望是最为重要的诉求，他们的利益在本质上与开发商是一致的。然而现实社会中，居住者作为消费者，其与开发商的利益却又经常出现冲突、摩擦。这时，建筑师就充当了行业的专家角色，他首先应该分清哪些是开发商需要的，而哪些是符合居住者利益的，通过不断的权衡协调，成为联系二者的桥梁，使二者的利益要求达到动态的平衡。建筑师考虑较多的往往是建筑单体，而开发商能够收集到很多使用者的心声，三者在战略上应该是合作友好的关系。对于局部的小问题，或者战术性的问题，建筑师处理矛盾的方式不应是激烈的，应该用一种平和的心态，取得双方面的谅解。诚然，现在不乏很多注重个性的建筑师，不论平和也好，个性也罢，两者无所谓好与坏。

**《住区》**：能否谈谈您从多年来在住宅领域的实践活

动中总结出了怎样的经验？对于未来住宅领域的前景及发展方向，您关注哪些方面？

邱慧康：我认为可持续健康发展的活力是一个住宅区的灵魂所在。基于此，我有以下几个方面的考虑：首先我们关注混合社区。在现时阶段，我国进行了很多大片区域的开发，而每个区域多是单一的建筑形式与社会人群，从而形成很多类似白天无人、晚上有人，冬季无人、夏季有人，或者淡季无人、旺季有人的单一无活力的"候鸟社区"。这些社区没有蓬勃发展的活力，因而也是不科学的社区。我们希望通过混合建筑户型及建筑类型等方式，带来不同收入阶层和年龄阶段的多样社区，为社区的发展注入活力。另外我们关注边缘、边界效应，这是跟我们的社会形态结合考虑的。可以看到，中国城市现在的建筑形态和模式跟我们的传统及西方的社会建筑形态是不同的。传统的城市形态中，建筑是面向城市开敞的，而我们很多的社区是小区化的、有围墙的，每个社区有单独的出入口，这使得社区有很强的边界感，街道只是作为道路存在的，缺乏"街"的感觉。所谓城市，即城郭和市井，城市中少了"街"，也就无所谓市井了。长此以往，城市会变得冷漠。当然基于现实的考虑，每个社区都有自己封闭的管理，这是我们无法改变的。因此，我们关注边界，希望通过相邻社区开放自己临街的边界，能够重新粘合我们的社区和城市。第三，应积极发展集合住宅。高层建筑也应该有丰富的肌理，并且能够容纳各种城市生活，比如商业功能，也可以向住宅建筑渗透、融合。建筑可以结合标准层的特点，在保证合理性的前提下，创造更多功能的空间。概括来说，就是根据需求设计平面，高层建筑不应是单一功能平面的复制。总体而言，我们一直在探讨如何在高标准的平台上，通过"研发"、"归纳"、"标准化"、"生产"这一思路，积极设计规划与周围环境协调发展的新型社区。

《住区》：住宅产业化是当前住宅领域很热的一个话题，请问您对此有怎样的理解？

邱慧康：住宅产业化在发达国家已经是个成熟的走完了的路，例如在澳大利亚，98%的住宅是在工厂定制的。我国则可以说刚刚迈入起步阶段。我个人认为，对于住宅产业化这一新兴课题，我们应做好以下几点：第一，由于我们的生活方式、居住模式、土地及人口等的状况因素与西方存在明显的差异，所以应该积极地探讨一条符合中国国情的住宅产业化道路，不能一味走西方的老路；第二，我国幅员辽阔，每个地方也存在着明显的差异，一次发展住宅产业化，不能忽略、磨灭地方个性和地域特点，应该区分哪些地方适合，而哪些地方不适合，住宅产业化不能简单地等同于工业化；第三，设计行业应成为住宅产业化的一个环节，应该投入资金进行研究，并广泛听取各方意见，让它成为一个动态的、不断调整的一条链。

《住区》：有人说材料与技术的进步决定了建筑形式的发展，您认为呢？

邱慧康：我赞同这种观点，但需要补充的是，材料在建筑形式的发展中起到了决定性的作用，而同时，艺术潮流与其相辅相成，也发挥了非常重要的作用。比如文艺复兴时期，材料并没有很大的进步，而这一时期的建筑形式却取得了长足突破和辉煌成就，并对以后的建筑艺术产生了重大影响。说到底，其涉及了文化与历史的问题。不同的建筑形式和风格，既在时间上前后相继，也在文化及历史上继承发展，它反映了当时社会的意识形态。不同时期建筑风格的形成，具有其赖以生存的文化土壤和历史渊源。每个建筑师都关注文化与历史。在不同的历史时间点，即不同的历史分期，如希腊、罗马、中世纪、文艺复兴等，均具有代表其时代特色的建筑形式，而同期的人们则分享相同或类似的价值观及审美观，此所谓"时代精神"。它作为一种统治力量，同样决定了一个时代建筑的表现形式。这就给建筑师提出了一个要求，那就是应关注材料与技术，包括新材料及传统材料的纯熟运用，同时也应注重对文化、历史的理解和尊重，承载历史，积淀文化。

《住区》：作为一个建筑师，同时又是管理者，您觉得这两个角色存在哪些差异性？您对公司未来的发展有怎样的期望与定位？

邱慧康：两个角色并不矛盾，而是相互促进。作为建筑师，需要在张扬个性、发散思维的同时，又保持"理性"与"逻辑"，而对协调能力的要求还比较局限；但作为管理者，应该更为冷静，并且有很强的协调各个方面的能力，相对个性的东西，我会适当地收敛。从单纯的建筑师到现在既是建筑师，又是管理者的角色，带给我更加开阔的空间与视野，在思考建筑的时候，出发点都会有不同。

未来我们将着眼于更好地表达建筑，并积极地尝试公共建筑的探讨，希望形成有创造力、有积淀、有自己的传统及企业文化的公司，努力建立公司科学的、可持续进步的体制。

# 大学生住宅论文及设计作品竞赛

## 创意设计·创意家居·创意生活

中国建筑工业出版社
《住区》 清华大学建筑设计研究院 联合主编
深圳市建筑设计研究总院有限公司

《住区》为政府职能部门，规划师、建筑师和房地产开发商提供一个交流、沟通的平台，是国内住宅建设领域权威、时尚的专业学术期刊。

主办单位：《住区》

# 《住区》大学生住宅竞赛参赛细则

一、奖项名称

《住区》学生住宅论文奖

《住区》学生住宅设计奖

二、评奖期限

投稿日期：每年1月1日-11月1日

评奖时间：每年11月1日-11月15日

获奖报道：《住区》

三、评奖范围

全国建筑与规划院校硕士生、博士生关于住宅领域的论文或者住宅设计作品。

四、参与方式

全国建筑与规划院校住宅课的任课老师推荐硕士生、博士生关于住宅领域的优秀论文或者住宅设计作品。

全国建筑与规划院校博士、硕士生导师推荐硕士生、博士生关于住宅领域的优秀论文或者住宅设计作品。

全国建筑与规划院校博士生、硕士生自荐其在住宅领域的优秀论文或者住宅设计作品。

五、评选机制

评选专家组成员：《住区》编委会成员及栏目主持人

六、参赛文件格式要求

住宅论文类

1.文章文字量不超过8千字

2.文章观点明确，表达清晰

3.图片精度在300dpi以上

4.有中英文摘要，关键词

5.参考文献以及注释要明确、规范

6.电子版资料一套，并附文章打印稿一份（A4）

7.标清楚作者单位、地址以及联系方式

住宅设计作品类

1.设计说明，文字量不超过2000字

2.项目经济指标

3.总图、平、立、剖面、户型及节点详图

4.如果是建成的作品，提供实景照片，精度在300dpi以上

5.电子版资料一套，打印稿一套（A4）

6.标清楚作者单位、地址以及联系方式

七、奖项及奖金

个人奖：

1.论文奖：

金奖一名

银奖两名

铜奖三名

鼓励奖若干名

2.设计奖：

金奖一名

银奖两名

铜奖三名

鼓励奖若干名

学校组织奖：学校组织金奖一名

八、组委会机构

主办单位：《住区》杂志

承办单位：待定

九、组委会联系方式

深圳市罗湖区笋岗东路宝安广场A座5G

电话：0755-25170868

传真：0755-25170999

信箱：zhuqu412@yahoo.com.cn

联系人：王潇

北京西城百万庄中国建筑工业出版社420房

电话：010-58934672

传真：010-68334844

信箱：zhuqu412@yahoo.com.cn

联系人：费海玲

# 旧城区商住集合体设计
## ——华中科技大学建筑学院住宅课设置

Collective Housing Project Mixed with Commercial Use in Traditional Urban Area
Housing Course of School of Architecture, Huazhong University of Science and Technology

彭 雷 Peng Lei

我系三年级建筑设计教学围绕"建筑与城市"主题展开,四个设计题目均选址在武汉三镇具有代表性的地区。

我们贯穿全年的教学方法是:在现场调研和文献检索的基础上展开设计,其中调研的方法包括观察、访谈、问卷调查等,以期形成以使用者(而非设计者)为中心的设计视角。教学强调在调研中发现问题、解决问题的整体设计过程,并最终在设计图纸中反映出清晰的设计思路。

全年最后一个设计——"商住集合体",选址在武昌老城墙根下、于1936年劈山(胭脂山)修建的胭脂路地段。胭脂路上分布有殖民地时期遗留下的教堂、医院,有民国时期遗留下的名人住宅,及改革开放后逐渐形成的武昌布匹批发交易集市。其历史人文气息浓厚,又深具文化变迁的标本意义。该地段还具有武昌老城区地处丘陵地带的特点——地势变化复杂,同时又具有旧城区经济、居住衰落的特点。

在本次设计课题中,我们着意探讨:(1)适应旧城区肌理、尺度的集合住宅居住模式;(2)居住与商业的相互关系;(3)以商住集合体形式拉动旧城复兴的可能性。建筑红线范围4200m²,建筑规模6000~8000m²,以6层以内单体或小规模建筑群体为主。参加本次设计教学的教师有:彭雷、龚建、姜梅、谭刚毅、雷祖康、董贺轩、罗宏、冷御寒。

**对顾芳作业的点评　指导教师:彭雷**

设计者利用胭脂山脚下地形高差复杂的特点,因山就势设计出内向型和外向型两个室外广场,分别适应居住人群和城市购物人群的需求。设计者使用地形学设计方法,利用坡道、踏步等元素形成从地面到屋面连续的绿色走廊,既解决了中心城区居民缺少户外活动场地的问题,又提高了用地的绿化覆盖率,同时还大大改善了胭脂山的可达性和可看性。在户型设计方面,设计者针对单身型、核心家庭、两代居、商住混合等不同的居住对象设计了面积不等的住宅,并设计了多种大小不一的储藏空间以探讨小户型的居住舒适性问题。

**对刘碧峤、张彤彤作业的点评　指导教师:谭刚毅**

该设计最突出的特点就是强调设计的依据——并非随意"创作"。在设计的各个环节注重理性分析,以解决各种需求和问题,是一个研究型的设计。

设计者首先对基地所处的城市环境进行了充分的调查,尤其关注基地周边的居住形式、商业模式、人口组成和居民生活工作方式,并通过布局模拟和日照分析得出恰当的总平面形式和适宜的建筑体量,同时尊重城市肌理。

商住集合体的户型设计是一个具体——抽象——具体的过程。从现在众多的居住类型(具体)提取出当地的居住模式(抽象),基于"可适应性"的构想作了多种可变式的设计,从而衍生出丰富的"户型"(具体)。部分户型内部空间的公共性和私密性、居住和工作的功能都可以发生转换,以适应不同人口结构、不同年龄段的人群在不同时段的使用需要。

临街商业部分则根据该地段主要的服装设计、定做、售卖等经营模式和功能流线来组织空间,尤其针对商业的时段性进行了可变式设计,宜商宜居。不仅满足了内部空间的多种使用需要,又改变并丰富了沿街立面。

设计基于功能使用的"program",以Open Building的理念设计组织空间,相关的构造和技术措施也相对成熟可行。

**对夏露作业的点评　指导教师:姜梅**

学生通过调研,发现旧城区商住集合体的现状特征和问题,针对人口组成、商业特色、公共空间、停车、绿化等问题,提出居住多样性、公共空间多样性和商住结合多样性,综合行列式住宅与围院式住宅两者的优点,尊重和学习旧城肌理,从而形成复杂、差异、多元化的社区,再现旧城丰富多彩的市民生活。

作者单位:华中科技大学

# 01 旧城区商住集合体设计
## ——基于建筑地形学的设计思考

**THE RESIDENTIAL BUIDING DESIGN BASED ON GEOMORPHOLOGY**
·MOUTAIN ·MEMORY ·GREEN

"山城山坡，对于山上的居民，没有山了，却只有城。气喘地爬上那些混凝土台阶，从这顶上，可以眺望山上的黄鹤楼遥遥相望，反而更觉得此地的渺小、人家。"

"将建筑与大地形态视作同一的整体，即使不是彻底的，也是很大程度上避免和消除两者的异质性。"
——地形学

**设计说明：**

劈山为路和旧城改造使得胭脂山这座城中山慢慢消失于人们的视野，户外活动量的下降，空气质量的下降，人们对于生态的诉求日益强烈。本方案即针对人们对山的思念和对良好生态环境的渴望为出发点，结合地形学，进行方案的设计，以求创造一种和谐的整体人居环境。

- 试图唤起人们对山山的回忆，结合仅剩的一部分胭脂山和南面的蛇山，保持一定的空间景观连续性。
- 三级坡道的使用——通往教堂；通往胭脂山山脚；通向胭脂山山顶，与生活相关系。
- 商住集合体的复杂性——广场分级：市民广场、居民广场；底层部分架空，结合租赁房。
- 布衣坊手工业的创意产业发展

### 区域原有规划思想

以承接武汉市东西向山系的大绿化格局，打造古城生态廊道标志性绿化景观。结合湖北美术学院的创意性使用，打造成以时装和手工业为特色的布衣坊等创意产业，为本土设计师提供创业平台。

1869年，"昙城东北，山皆赭石，色赤如胭脂，一名胭脂山，又名鞍背山。"（江夏县志）

1936年，为方便市民出来，结合胭脂从中劈开，劈山处形成胭脂路。

20世纪70年代，胭脂路一带成以早餐，批发为主体的布匹胭脂市场。10年前，布匹胭脂市场向服装制品加工市场转变。

1-1 剖面

一层平面图

街道空间分析

2-2 剖面

**MODELS**

建筑小体量的确定
绿色坡道的覆盖
坡道的贯穿
共享庭院的生成
小住宅的绿色延续

91 | 大学生住宅论文 COMMUNITY DESIGN

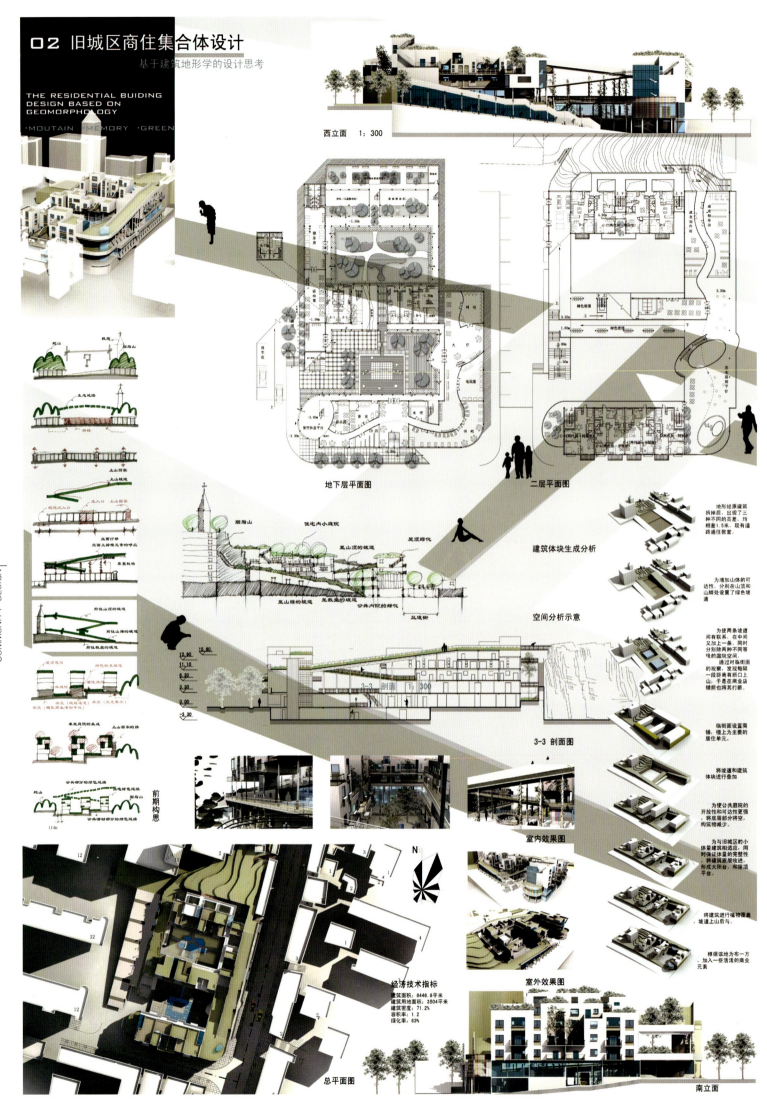

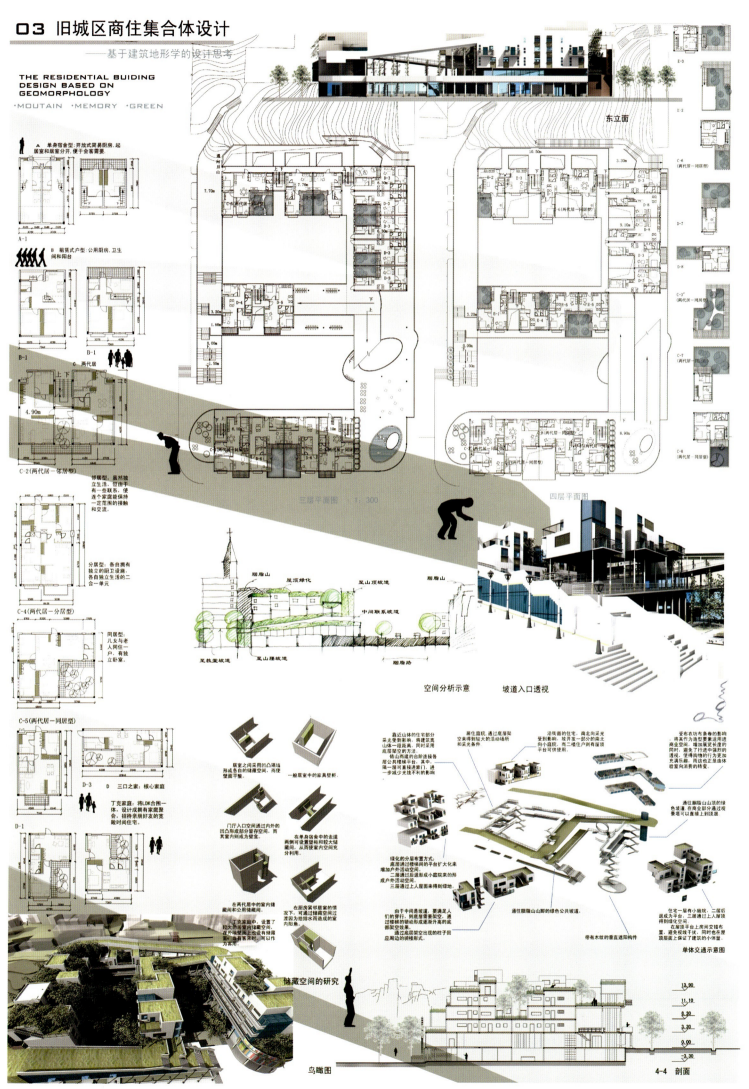

# Adaptation · Aggregation · Open Building
## 适应性·集合·开放建筑 —— 旧城区商住集合体设计  3-1

■ 基地环境

剖面A-A
剖面B-B
拟拆建筑
历史环境
现代环境

设计地块位于武昌老城，周边是昙华林等历史街区。北靠胭脂山，东临胭脂路，山地地貌延伸到基地范围内。

■ 现状分析

用地性质　交通系统　景观绿化

商业建筑
居住建筑
商住集合建筑
拆迁整平

沿商业步行街
步行道路
城市干道

草坪绿化带
大型景观树
小型行道树
原始地貌区域

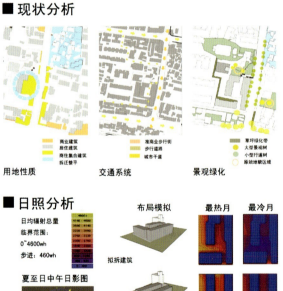

■ 日照分析

日均辐射总量
临界范围：
0~4600wh
步进：460wh

夏至日中午日影图
冬至日中午日影图

布局模拟　最热月　最冷月
拟拆建筑
东西两纵列
南北三横列
散点小体量

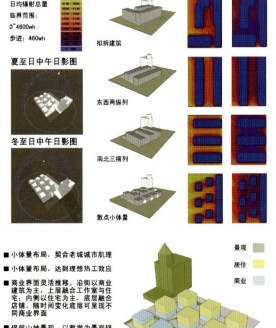

- 小体量布局，契合老城市肌理
- 小体量布局，达到理想热工效应
- 商业界面灵活推移。沿街以商业建筑为主，上层融合工作室与住宅；内侧以住宅为主，底层融合店铺，随时间变化底层可呈现不同商业界面
- 保留山地景观，以教堂为景观辐射中心
- 保留山地特征，处理为台地形式

景观
居住
商业

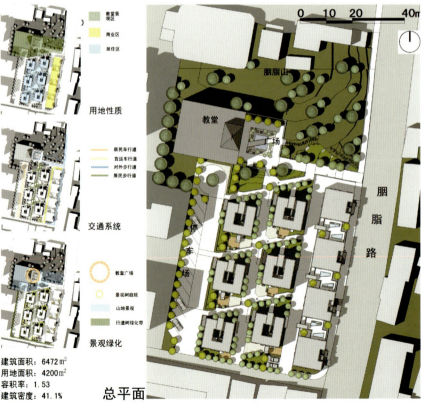

用地性质
　教堂景观区
　商业区
　居住区

交通系统
　居民车行道
　货运车行道
　对外步行道
　居民步行道

景观绿化
　教堂广场
　景观树庭院
　山地景观
　行道树绿化带

胭脂山
教堂
广场
停车场
胭脂路

建筑面积：6472㎡
用地面积：4200㎡
容积率：1.53
建筑密度：41.1%

总平面

场地横剖透视

场地纵剖透视

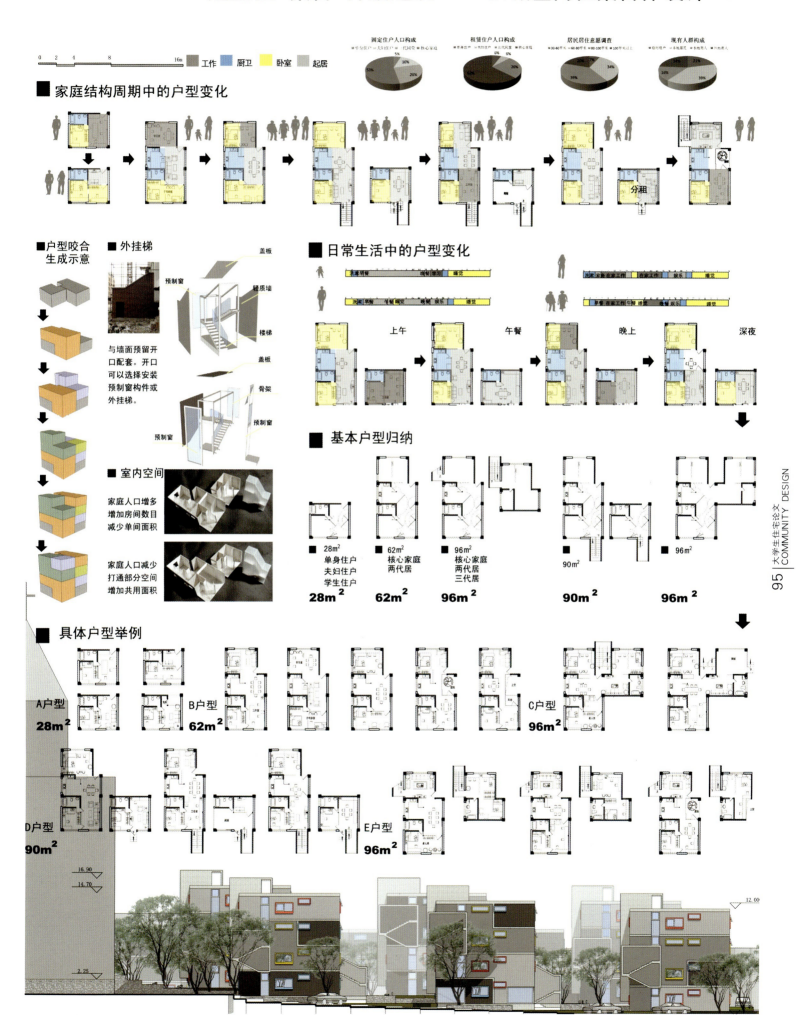

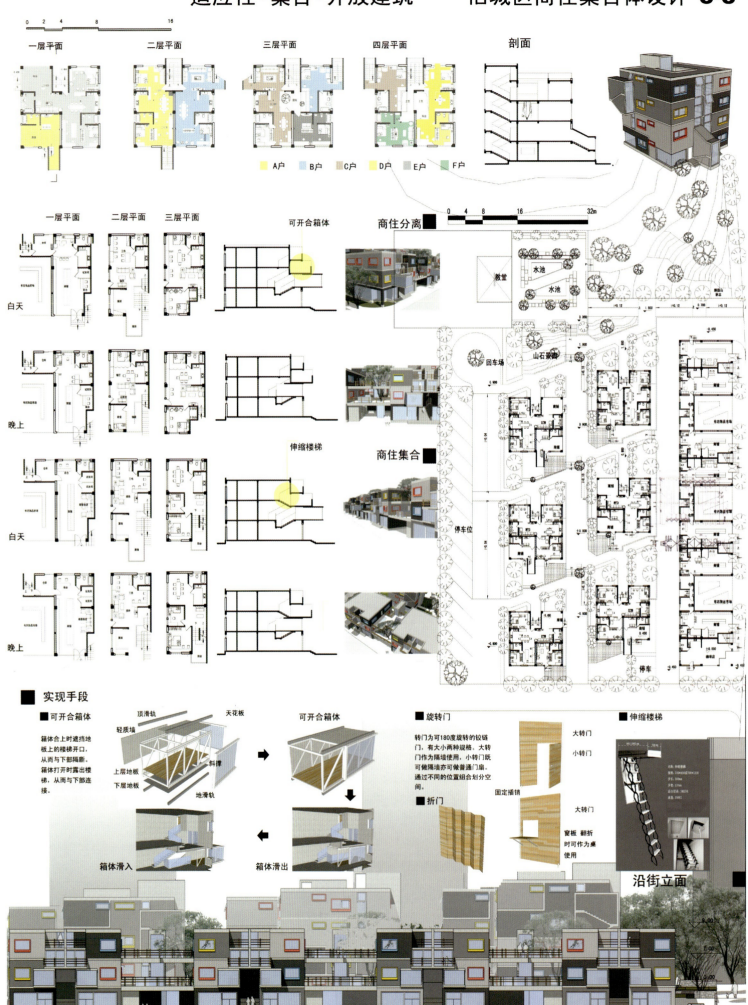

# 复杂 差异 多样
## ——旧城区商住集合体设计

在大规模的城市更新过程中,旧城区也随着一步步进入了高层单一化的过程,原有的丰富的城市生活,日常活动场景即将消逝/
该设计用复杂,有差异性,多样的户型,公共空间来适应不同人群的居住需求/
同时复杂的建筑形体避免了形体单一的建筑与周围环境的二元对立的现象/
通过差异性的公共空间,有机的融入外界环境,给老城区的生活方式以嘈息的机会.利用高差,将商业空间与居住空间联系,融合,对商业进行传承、改造、创新,形成多样性的商业空间,以期促进商业的发展.

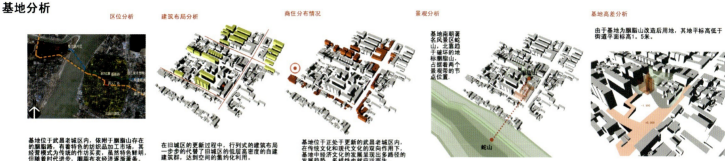

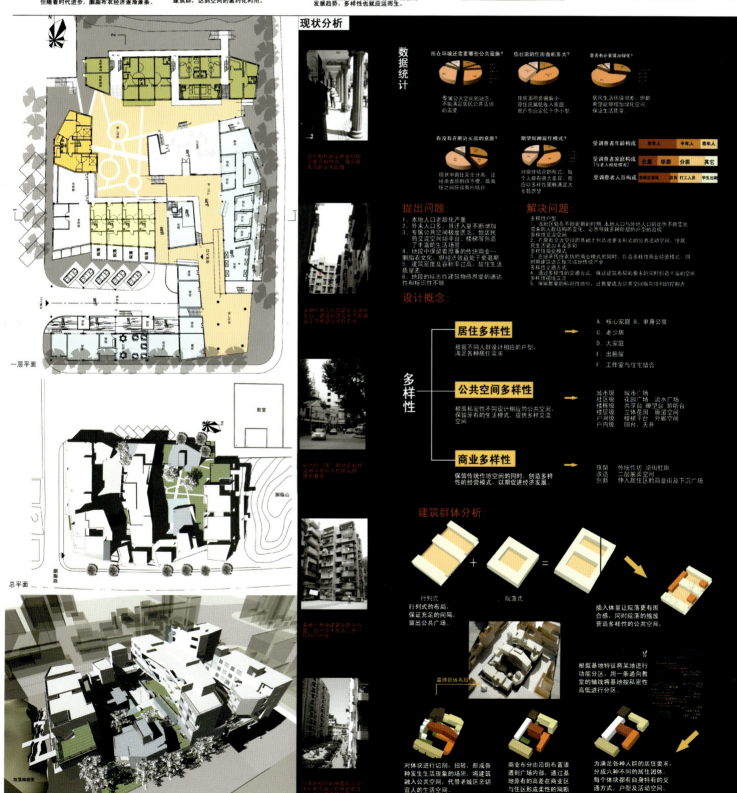

# 复杂　差异　多样
## ——旧城区商住集合体设计

02

高楼的崛起常常会在破坏原有老城区肌理的同时也将传统的生活模式扫荡一清/大量新居民的迁入,带来新的功能,新的社会关系/
我们试图通过一种多元的建筑去 **保留基地中丰富的生活场景**,同时也尽力去适应新的环境/
故,一种融入各种居住模式,各种社会阶层,各式交流空间的多样性建筑产生了/

### A、大家庭
客厅宽敞,可以进行大家庭的娱乐活动,卧室之间有高差,保证了小家庭间的私密性

### B、单身家庭
可变的起居空间,能够在小户型中满足招待客人,聚会等娱乐活动。

night 客厅与卧室分离　　day 客厅与卧室合二为一

### C、老少居
两代之间有单独的出入口,餐厅和起居室,但邻里的关系保证着家庭的联系和和睦。

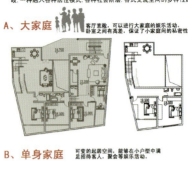

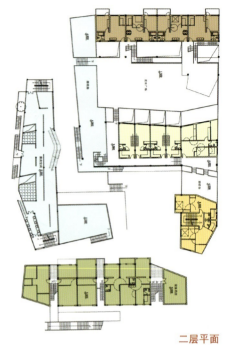

二层平面

三层平面

### D、核心家庭
由转门形成的多功能空间,在小孩小的时候,用作起居空间。随着小孩对私密性的要求,多功能空间在白天用作起居,晚上用作卧室。满足生命周期的变化需要。

出租屋分为两种,一种纯粹的出租房,可变换户型,根据转门的固定位置不同分为不同的户型组合。另一种为与房东分层居住,室内楼梯作为两户的连接,但保持各自的私密空间。

### E、出租屋
由单间组合的出租屋,根据不同时期不同租客的需要,变换户型,在大户中由转门分隔,形成不同的户型组合,满足大学生,打工仔,经商者等不同社会阶层对出租屋的需要。

E1：单间　满足最基本的起居需求。
E2：双人间　通过转门的围合,起居和卧室可分可合,分别适应不同的生活行为。

E3：1、两个一室一厅　　2、两室一厅+单间

两个一室一厅　　单间+两室一厅+一室一厅　　三个一室一厅　　二室二厅+一室一厅

### F、工住结合
根据调研,以纺织品为主的作坊需要由工作室和住宅部分相结合的户型,根据不同的需求,设计了工住宅与住宅多种结合方式,给经营者更多的选择。

工住结合剖面示意分析：

下工上住　　底层工住合二为一　上面上工上住　　工住结合　　下住上工

四层平面

五层平面

# 复杂 差异 多样
## ——旧城区商住集合体设计

03

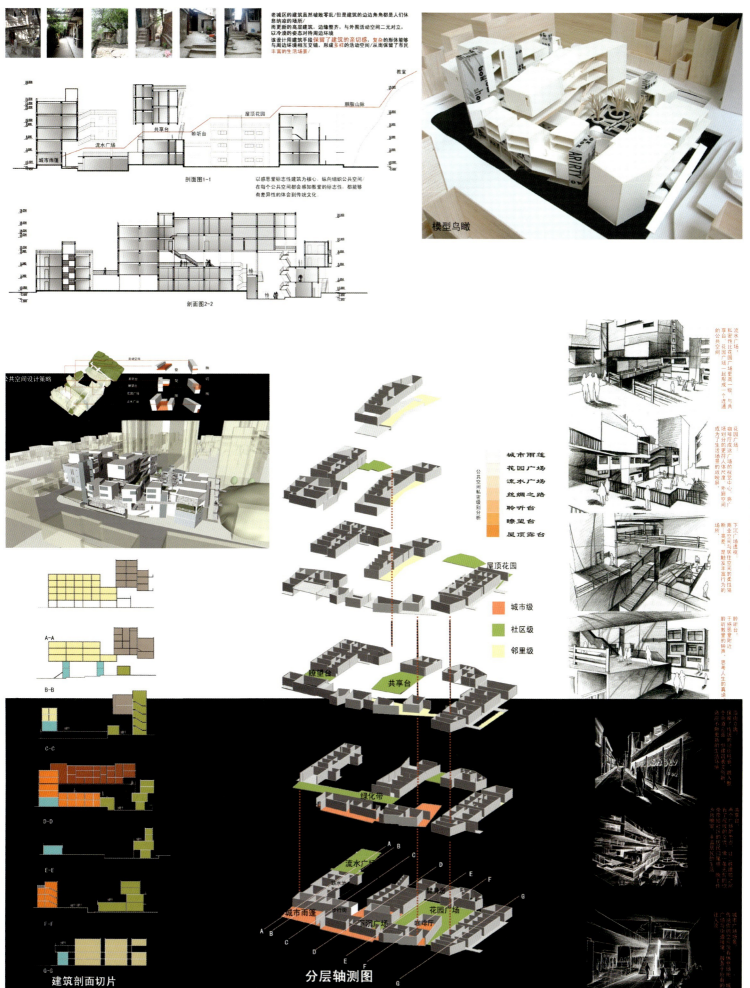

# 国内外工业化住宅的发展历程（之二）

## The Path of Industrialized Housing (2)

楚先锋 *Chu Xianfeng*

**日本篇**

**一、日本工业化住宅发展概述**

日本的工业化住宅应该是我们重点学习的对象，这一点我在《中国住宅产业化路在何方》一文中已经谈过，这里不再详述（详见《住区》总第26期，2007年8月刊，第22页）。

早在1955年，日本为了推动产业化的发展，制订了一个住宅建设10年计划，并且在随后每过3～5年就作一些修正。这10年被称为战后复兴时期。

接下来的20年是其高速增长期。在这个阶段，其出台了一系列的法律和产业政策，对促进住宅的建设起到了重要作用。政府在1965年制订的第一个住宅5年计划——"新住宅建设5年计划"中指出，工业化住宅所占的比率（预制构件住宅建设户数/住宅建设总户数）要达到15%。

结果公共资金住宅的工业化达到了8%，民间住宅率达到了4%。1971年再次制订的新住宅建设5年计划中规定，前者要达到28%，后者14%。

为了推动住宅产业的发展，政府建立了住宅产业的政府咨询机构——审议会。为推动标准化的工作，审议会建立了优良住宅部品的审定制度、合理的流通机构和住宅产业综合信息中心，发挥了行业协会的作用。此外，政府实行住宅技术方案竞赛制度，直接效果是使松下和三泽后来将参赛获奖的成果商品化，成为企业的支柱产品。此外，该竞赛还从整体上推动了日本预制住宅产业的发展，提高了住宅产品的质量。1975年后，政府又出台了《工业化住宅性能认定规程》以及《工业化住宅性能认定技术基准》。工业化住宅性能认定制度的设立指导了在住宅工业化产业中起带头作用的预制住宅事业的发展，提高了日本

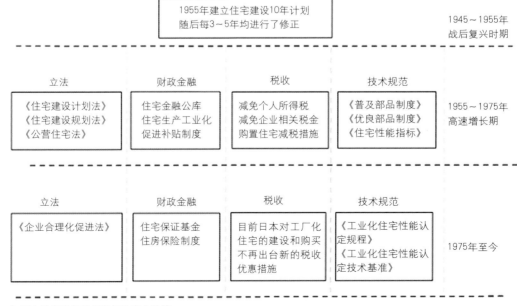

1.日本住宅建设计划和相关产业政策

住宅建设事业的整体水平。两项规范的出台,对整个日本住宅工业化水平的提高具有决定性的作用。由此可见,该行业的大规模发展有赖于政策和标准的完善与推行。

二、日本工业化制法的分类

第一类是日本传统的办法,即木造轴组工法,多被大工工务店类的中小型建设企业所采用,是历史最悠久、应用最广泛的住宅施工方式。一般情况下,大工工务店的木制住宅现场由工务店的负责人统一指挥。住宅的木制主体结构多由本工务店的技术工人承担施工,屋顶、装饰等工程则由外部的工人承担。采用该工法的住宅数量难以统计,原因是按照日本的法律规定,较小的建设工程(工程造价低于1500万日元,约90万元人民币)无需取得建设业许可证,是可以不用办手续的。

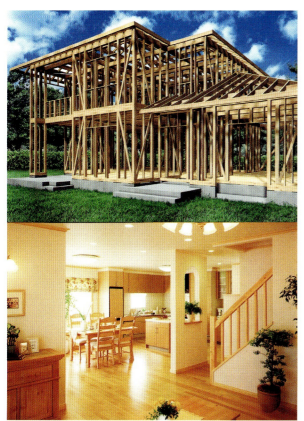

2.日本的木造轴组工法住宅实例

第二类是2×4工法,它是日本传统工法和美国标准化的结合,以2in×4in的木材为骨材,结合墙面、地面、天井面等面形部件作为房屋的主体框架进行房屋建造。该工法较传统的轴线工法有更高的施工效率,且不需要技术较高的熟练工,适合中小企业进行房屋建造。该工法不同于当时盛行的美国式的标准化、规格化工法,房屋构造形式多样、较高的抗震与耐火性能、西洋式的外观设计等是其特色。1988年日本采用该工法的新建住宅户为42,000户,占全部新建住宅的2.5%。此后持续增长,2003年达到83,000户,占全部住宅的7.2%。

3.日本的2×4工法住宅实例

第三类是预制构造(Pre-fabricated)工法,它是大型住宅建设企业的主要施工方法。该工法是将住宅的主要部位构件,如墙壁、柱、楼板、天井、楼梯等,在工厂成批生产,现场组装。从目前的日本住宅市场来看,Pre-fabricated住宅并没有真正发挥其标准化生产而降低造价的优势。其主要原因是大部分消费者仍倾向于日本传统的木制结构住宅。其次,标准部件以外的非标准设计、加工所需要的费用使该工法建造的住宅总体造价上升,价格优势无法发挥。2003年使用该工法的新建住宅户数为158,000户,占当时新建住宅的13.5%。历史最高水平是1992年,采用该工法建造的住宅为253,000户,占当时新建住宅的17.8%。

4.日本的预制构造工法住宅实例

### 三、日本住宅产业的参与主体

日本住宅产业的参与主体主要有三大类。

第一类是住宅工团，它是一个半政府、半民间的机构。其发展主要有如下几个阶段：第一阶段完成了不同系列的63种类型的住宅标准化设计，其中1973年完成的公有住宅建设量高达190万户；第二阶段完成了木结构、钢结构和混凝土结构的住宅试制，在1974年公有住宅建设量为130万户；第三阶段所有公营住宅普及标准化系列部品，逐渐发展成住宅单元标准化，该阶段期间，平均每年公有住宅建设量达110万户；第四阶段开发出大型预制混凝土板、H型钢和混凝土预制板组合施工法，该阶段内公有住宅的建设量占住宅总建设量的80%以上。

日本住宅公团的住宅研发及应用情况　　　　　　　　表1

| | 研发情况 | 应用情况 |
|---|---|---|
| 标准化 | 完成不同系列的63种类型的住宅标准化设计 | 1973年公有住宅建设量达190万户 |
| 试验楼 | 完成木结构、钢结构和混凝土结构的住宅试制 | 1974年公有住宅建设量为130万户 |
| 部品系列化 | 所有公营住宅普及标准化系列部品，逐渐发展成住宅单元标准化 | 该阶段期间，平均每年公有住宅建设量达110万户 |
| 机械化施工法 | 开发出大型预制混凝土板、H型钢和混凝土预制板组合施工法 | 该阶段内公有住宅的建设量占住宅总建设量的80%以上 |

第二类是都市机构，这也是一个半政府性的机构。2004年7月1日，旧都市基础整备团体和旧地域振兴整备团体的地方都市开发整备部门合二为一，成立了独立行政法人的都市再生机构（简称UR都市机构）。UR都市机构以人们的居住、生活为本，致力于创造环境优美、安全舒适的城市。

都市住宅技术研究所通过建设城市的实践，获取丰富的经验和知识，并对现有城市的状况进行切实的调查、掌握，开展必要的调查研究、技术开发及试验。UR都市机构对外公开其研究调查成果，回馈社会。

第三类是民间企业。战后的日本政府推进的住宅建设工作重点是通过"量"来解决住宅危机。这个阶段必须解决两个问题：一是依靠传统的手工劳动无法短时间内解决大量的住宅供应；二是当时没有足够的木材满足日本传统的木结构住宅建设。

在这种社会背景下，预制住宅企业尝试用新工法来改善这种局面。20世纪50年代后期开发了基础构造体系；70年代前期开发了大型板材构造法（松下住宅、三泽住宅）和住宅单位构造法（积水化学）；进入90年代，根据市场需要展开了各种技术开发活动，比如解决VOC问题的健康住宅、无台阶住宅技术开发。

目前各企业的技术开发和设计体制重点基本都转移到顺应市场变化的轨道上。

参与工业化住宅的企业比较多，既有比较大型的房屋供应商，如积水、大和、松下、三泽、丰田等，也有大型的建造商，如大成建设、前田建设等。

部分日本民间企业在住宅产业化方面的业务发展　　　　表2

| 机构名称 | 研发情况 | 住宅建设量 | 企业背景 |
|---|---|---|---|
| 积水住宅 (Sekisui House) | 着重研究建筑的热工性能、老年住宅、结构体系和内装部品 | 1989年住宅建设量达170万户 | 1960年成立，1961年设立滋贺工厂，开始B型住宅的开发建设，1971年上市 |
| 大和房屋 (Daiwa House) | 着重研究与环境共生住宅、老年住宅、建筑热工以及建筑工程研究和实验 | 2000年住宅建设总量为132万户 | 1955年成立，1957年建造日本首个工厂化住宅，1961年开始涉足钢结构住宅和厂房、仓库、体育馆等公建 |
| 大和房屋 (Daiwa House) | 着重研究与环境共生住宅、老年住宅、建筑热工以及建筑工程研究和实验 | 2000年住宅建设总量为132万户 | 1955年成立，1957年建造日本首个工厂化住宅，1961年开始涉足钢结构住宅和厂房、仓库、体育馆等公建 |
| 三泽房屋 (Misawa House) | 着重研究住宅耐久性、住区微气候环境、地球环境问题、老年住宅等 | 2001年住宅建设总量为122万户 | 1962年成立集团，1964年大板系统开发，1965年设立预制构件工厂，1967年三泽房屋成立 |
| 大成建设 (Taisei Corporation) | 着重研究工厂化住宅施工工艺、工程管理、生态环保等 | 2002年住宅建设总量为115万户 | 1917年设立，1946年财阀解体，分离出大成建设，1960年开始建造大型酒店、大坝等公建，1969年进入住宅市场 |

5. 日本UR都市机构的住宅实验塔是目前世界最高的住宅设备系统检测设施

6.日本积水化学为了开拓新的业务领域,1960年3月在公司内部创建了住宅业务部,同年8月将住宅业务部独立,并更名为积水住宅产业。这是积水化学在大阪千里住宅公园展出的产品。

7.松下电工于1961年也成立了住宅业务部,但公司决策层认为住宅业务不过是公司的副业,在1963年作出决断,由松下电器和松下电工共同出资3亿日元,设立新法人成立了松下住宅建材股份公司(现松下住宅的前身)。这是松下住宅用于都市空间虚拟体验的设备。

8.日本大和住宅综合技术研究所以"同自然环境共存"为基本主题,研究、开发着眼于未来

9.日本大成建设建造的大型住宅项目

10.日本民间企业参与住宅开发促生了住宅公园,这是大阪千里住宅公园的平面图及住宅展示情形

## 四、日本PCa住宅技术的发展

1. 1955年～1965年：预制住宅技术的开发期。1956年日本开发了2层的建筑壁式预制住宅，即预制大板式住宅。后来，技术逐步发展，最后可以做到5层。在这个经济高速成长期，5层以下的预制大板式住宅被大量建设。

2. 1965年～1975年：预制住宅的最盛期。1970年，住宅公团HPC（预制混凝土高层结构）工法被应用到14层的高层住宅开发。但是，1973年的第一次石油危机以后，由于土地不足，导致住宅小区小型化，同时由于需求的多样化、高级化，预制混凝土工法建造的住宅急速减少。

3. 1975年以后：预制住宅的再度发展期。1975年开始实施钢筋混凝土构造的PCa化，即从现浇混凝土向预制混凝土转变。在此期间，RPC（预制混凝土框架结构）施工工法被开发实施。因此，预制大板式工法也向RPC工法转化，而且RPC工法也逐渐从多层向高层、超高层的应用发展。为了解决超高层建筑预制柱断面过大的问题，高强混凝土及高强钢筋开始被应用到实际工程。

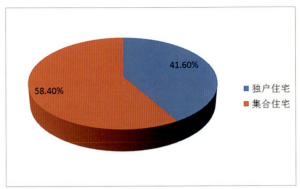

11.日本前田建设（MAEDA）的高层RC和PCa技术开发历程

## 五、日本住宅产业的发展趋势

首先，独立住宅的比例越来越少，高层集合住宅逐渐增加。这是由土地价格的上涨、核家族化、面积狭窄而引起的。独户住宅的减少，导致集合住宅的占有比例逐渐增加，以房地产投资为目的的集合住宅购买力相对增大。

木结构的独立住宅是日本的传统建筑方式，而工业化住宅的历史较短，故日本人的居住观念仍然倾向于传统的木制结构。因早期的工业化住宅质量较差，Predicated住宅（预制住宅）成为劣质住宅的代名词，实践证明该意识的转变经历了30年。下图表明，在2002年的日本，集合公寓占到住宅总量的58.4%，已经超过了独户住宅的市场占有率。

12. 2002年日本全国预制独户和集合住宅的比例

严格来说，目前日本只有20%～25%的住宅属于预制住宅，该比例之所以如此小，主要是因为预制住宅是按照日本建筑中心对工厂化住宅的认定标准来认定的。该认定标准是：全套住宅建造过程中的2/3或以上在工厂完成，及主要结构部分（墙、柱、地板、梁、屋面、楼梯等，不包括隔断墙、辅助柱、底层地板、局部楼梯、室外楼梯等）均为工厂生产的规格化部件，并采用装配式工法施工的住宅。其实，在日本85%以上的高层集合住宅都不同程度地使用了预制构件。

从图13可以看出，在预制住宅里面，预制混凝土结构的住宅所占的比例较小，这主要是因为预制装配整体式住宅在施工现场的混凝土浇筑量较大，其工厂化率要达到日本建筑中心对工厂化住宅的认定标准——2/3以上的工厂化预制——是比较困难的。按照香港预制混凝土结构专家——香港理工大学李恒教授的观点，香港的预制混凝土

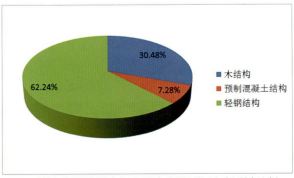

13. 不同结构形式预制住宅（工厂化率达到2/3以上者）所占比例

住宅的预制比率在45%～50%。但如果按照日本建筑中心对工厂化住宅的认定标准，香港的预制住宅绝大多数都不能称之为预制住宅了。

上文我们提到的，高层集合住宅的市场占有率为58.40%，如果其中有85%的住宅不同程度地采用了预制混凝土构件，那么采用预制混凝土技术的住宅，市场总体占有比率接近50%。

项目最终选择怎样的工厂化率，取决于项目本身。在日本调研时我们发现，建筑的层数越高，它的工厂化预制比例越高。9层以下的住宅，全部现浇，而不是用预制的方式来建造；层数在20层以下，会用半预制；如果超过20层的话，包括梁、柱在内的会全部预制。这样做的主要原因有两个：一是考虑模板的利用率和成本摊销；二是建筑的层数越高，泵送商品混凝土的难度越大，高空养护的难度和工作量也越大，所以减少现浇量对施工效率的提升是有价值的。

万科集团在做1号工业化住宅实验楼的时候，选用的是6层住宅原型。因为当时多层住宅，尤其是多层的情景洋房产品是万科集团的主流产品。当时是基于这样的考虑：多层住宅的标准层虽然少，但是楼盘的规模足够大，可以通过复制（建造很多栋完全一样的楼），把高层建筑的竖向标准层水平摆放，一样可以实现大规模标准化的构件生产量。但实践证明这是行不通的，因为这种想法仅仅考虑了生产环节，却没有考虑施工环节。施工的时候，在水平铺开的施工现场，吊装设备的效率是保证不了的，因为汽车吊在行走的时候不能载重，在载重的时候不能行走。虽然当时还想出一个办法，就是在各栋多层住宅楼之间铺设轨道，让一些吊车在施工现场来回移动以提高其使用效率，但现在来看这种想法很幼稚，很难实行，因为现场的复杂性不允许我们做这样的施工组织方案。

这给了我们一些启发：我们的所有工作都必须遵循人类认知事物的普遍规律，遵循从认知（了解阶段，调查、研究）到掌握（初试阶段，试验、试做，完成技术验证），再到创造（中试阶段，设计、创新，完成市场验证）的循序渐进的过程。所以，当我们在学习别人的先进技术的时候，先要完整地学，不要一开始就想自己创新。当别人的做法和我们的想像存在差异的时候，我们要意识到：既然这种做法"存在"，总有它合理的地方。这样，我们首先要弄清楚日本的现状和主流，以及在它原始的发展过程中技术是如何演变的。于是万科在完成了颇具创新特色的1号工厂化住宅实验楼之后，从2号实验楼发展到开始全面学习日本的KSI技术体系。后来到4号试验楼，完全变成了照搬日本做法，请了一个10人左右的日本技术专家团队全程指导，就连脚手架等施工辅助设施都是从日本进口的，目的便是为了弄清楚在日本这一套体系是怎么做的，然后才能去改进它，使它适应我们的国情。从技术创新上来看，从1号试验楼到4号试验楼，万科一直在作战略收缩，但是技术水平却比原来更成熟。

作者单位：万科集团建筑研究中心

# 点式网络化的开放空间系统
## ——浅谈高密度城市空间策略之一
### Open Space System Based on Spot-like Network
### A Strategy on High Density Urban Space

叶 红 Ye Hong

[摘要]城市的发展充满了不确定性，本文试图探讨一种适应渐进性发展的具有弹性的点式网络化公共空间系统，保持足够的灵活性，以适应城市潜在的、渐进的变化过程。这样的点式网络化的公共空间系统在我国高密度现状的旧城更新中尤其具有一定的现实意义。

[关键词]点式、网络化、开放空间系统、高密度城市空间

Abstract: There are always uncertainties in urban development. This paper investigates developing a flexible spot-like networking public space system in an incremental manner, so that its flexibility is compatible with the gradual transformation of cities. This new public space system has its special implications to the present high-density traditional urban centers of China.

Keywords: spot-like, networking, open space system, high-density urban space

一、引言

我国是世界上人口最稠密的地区之一，许多主要城市都面临人口高密度带来的压力，尤其在城市中心商业区，交通堵塞，人群拥挤的现象更是屡见不鲜。同时我国城市的传统形式与西方不同，往往是绵延不断的拥挤，缺少开敞的公共空间，尤其是缺少适应市民生活的、具有城市文化特色的、舒适宜人的公共活动场所，公共活动基本上都在商业街中进行。公共开放空间的缺乏已成为我国城市化发展中暴露的显著问题(图1)。例如，作为国际大都市的上海，其公共活动场所的数量与市民的需求有很大差距。

a.北京的胡同：健身休闲设施只能设置在人行道上

b.上海的里弄：人车混杂，绵延拥挤

c.拥挤而缺乏休息设施的商业街

1.缺乏开放空间的中国城市现状

市区中市民们可以利用的公共活动场所主要限于人民广场、外滩、徐家汇广场、浦东中心绿地等地。由于交通使易达性成为问题，这些大型开放空间的利用率并不理想。同样，一些豪华商业建筑中陆续建造的室内中庭和屋顶广场也与其美国原版一样，不能很好地发挥城市公共空间的作用，而且这类空间的建造和管理花费巨大。

另一方面我们却又看到我国城市中存在不少散落着的"边角料"空间。这些空间在建筑设计时由于缺乏城市空间的整体概念而遗留下来，缺乏管理以及与周围环境的模糊关系使之成为"消极的城市空间"，甚至演变成为城市中的"脏、乱、差"地带，影响城市环境，更谈不上为人们的公共活动有所奉献。

因此，针对我国城市的高密度现状以及有品质的开放空间的缺乏，本文提出点式网络化的开放空间系统，即建立以点式小庭院和袖珍广场及公园构成的开放空间网络，也即将大划整为零，将零联系成网，它们虽规模不大，但数量众多，并星罗棋布，邻近人们工作与生活地点，可及时及地地满足大多数市民的日常交往活动需求。这种点式网络化开放空间系统尤其在高密度的旧城区，可达到见缝插针，灵活应变，创造优美宜人城市环境的目的。同时有利于旧城改造中小规模渐进更新模式的实现，可实现在整体设计的控制下，保持连续性的渐进更新。同时具有灵活性，能避免大规模开发模式易产生破坏城市原有肌理与格局，割裂城市发展的延续性等不良后果。

## 二、点式网络化的开放空间系统之设计策略

### 1. 整体性

"系统的质存在于整体之中，而组成系统整体的单个部分（或元素）无质可言，整体大于部分之和。"整体性是系统观基本的出发点，也即各种对象、事件、过程都不是杂乱无章的偶然堆积，而是一个合乎规律的，由各要素按一定的结构关系组成的有机整体。然而在许多城市中我们看到公共空间与周围环境之间缺乏整体性，有的空间被道路穿过和分割，变得零碎无序；有的空间被干道包围，实际上已变成巨大的交通岛，人车干扰、交通拥挤，由于要穿越干道，空间的可达性很低；同时污染严重、管理混乱，缺少安全感，更谈不上亲切和舒适。

因此要建立点式网络化的开放空间，就需要从整体上整合这些点式公共空间，将这些星罗棋布的开放空间通过一定的结构关系与秩序连接组合，形成相互贯通连续，具有一定层次结构关系的开放空间网络，才能真正地发挥它们改善城市空间质量，丰富人们生活的目的。首先需要建立点式开放空间网络的层次结构关系，即公共－半公共－半私密的层次关系，并确定它们的比例关系。其次是将这些不同层次的点式开放空间相互联系，建构关联渗透的空间网络结构。这里所谓的网络结构，不是单向的，封闭的，而是开放的、贯通的、多向的（图2）。

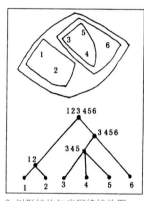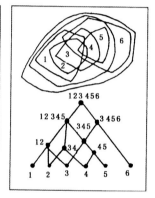

2. 树形结构与半网络结构图

### 2. 连续性

连续性原则是对整体性原则的补充，有助于形成城市开放空间的整体性。城市空间的连续性有两层含义：空间（物质形态）的连续性和时间的连续性。

首先人对城市环境的体验是一个包含了运动和时间的动态活动，"整个城市变成了一种可塑性的体验，一个经历压力和真空的旅行，一个开敞和围合、收缩和释放的序列"，伴随着对比、戏剧性激发出愉悦和趣味。环境以一种动态的、显现的、随着时间而展现的形式被阅读。因此穿越空间的动感体验成为了城市设计中视觉维度的重要部分。但如果这些点式开放空间只是杂乱无序地散落在城市中，之间缺乏动态的关联，势必无法带给人丰富愉悦的空间体验，更甚至将城市空间破坏得支离破碎。因此，要建立人们在点式网络化开放空间中的连续体验，首先在于建立这些点状空间的关联耦合关系，运用诸如轴线关联、视线联系、起承转合等空间处理手法将其贯通融合。其次对于城市空间而言，"任何人造场所的明显质量是它的围合，其特点和空间质量是由它们被如何围合决定的"。因而空间的围合方式以及围合空间的界面设计就成为创造空

间体验连续性的重要部分(图3)。

a.界面的连续产生围合良好的街道空间

b.界面缺乏连续造成疏离的街道空间

3.两段街道的界面围合对比

另一方面，时间和空间总是紧密地联系在一起。时间和空间是"我们体验环境的基本框架，我们生活于时空之中"。城市"不仅是空间中的场所，还是在时间中上演的戏剧"。也就是说，城市空间环境在一天或一年中的不同时段以不同的方式被人们感知和使用。因此，在点式开放空间的设计中可以有意识地利用变化的每一天和每个季节，来创造城市空间的多样性和趣味性。因为反映和彰显昼夜和季节变化的环境设计，能丰富人们对城市的体验，同时突显季节变化的环境特征，能增强城市空间的时间识别性。另外开放空间的设计应当响应已有的场所感，强调"延续"过去的历史，而不是"割裂"过去的历史。历史遗存的特殊价值是在于场所感和它自身特质的相对永恒性。在持久的城市结构中，营造具有归属感和可识别性的空间场所，能产生场所的稳定性和延续性(图4)。

3.多样性

J·雅各布斯认为："多样性是城市的天性。" 城市多样性的产生源于其主体的多样性：成千上万的人聚集在城市里，而这些人的兴趣、能力、需求、财富甚至口味又都千差万别。因此，无论从经济角度，还是从社会角度，城市都需要具有错综复杂并且相互补充的多样性功用，来满足人们的生活需求。而城市空间是人们生活的容器。人们活动的多样性决定了城市需要具有多样化、多层次的空间，来满足其需求。单一空乏的大空间难以聚集人们在此活动，而相互隔离的专门的空间也会丧失公共空间的大部分活力。因此建立一个多层次的，形式多样的点式分布的城市公共空间网络即成为必要。

它可以是一种室外的，以铺装为主的小庭院：有商业或者公共建筑环绕四周，同时也有阳光和通风。墙或者通透的建筑将它与街道人流略做分离。庭院与街道有视线联系，可以通过开敞的入口、店面，或者通廊来实现(图5)。这种小庭院以步行距离相隔，位置明显，在街道上能

a.南京的夫子庙

b.上海的城隍庙

c.苏州的山塘街

4.延续文脉的公共空间

a.阳光充足、绿意盎然的小庭院

b.庭院与主步行街的连廊

5.重庆沙坪坝步行街内的小庭院

6. 美国纽约的佩雷公园

感受到它的存在，形成一个连续的系列。其具有与传统住宅庭园相类似的熟悉的尺度和环境氛围，一方面打破了街道立面的单调与封闭，创造了层次感和通透性，另一方面完全不破坏街道的连续性。更重要的是，尺度小，少占用直接面对人行道的黄金地段，使得这些庭院更容易在老城中实现。另外还可顺应地形高差或建筑造型变化，将这类小庭院置于高台上或建筑架空层的下面，当然需保证从人行道方便地进入。这也可算是借鉴中国传统公共空间的原型，即寺庙及会馆的院子。

同样，也可以是在街巷的节点处设置袖珍广场或小型公园。如美国纽约的佩雷(Paley)公园就是优秀的例子，其面积只有13m×30m，布局相当简单。它有一片格网状的刺槐林，在树冠形成的带状天篷下相应地布置桌椅，旁边点缀有陈放于鹅卵石地面上的季节性盆栽花卉。公园最引人注意的地方无疑是那堵两层楼高的水墙，在阳光照耀下闪闪发光，还能阻隔城市的噪声(图6)。这样的小型公园(广场)使居民在日常生活的紧张中得到暂时的松弛，为人们提供易于到达的邻近的休息地点。

由此可见，以上这样的小庭院、小广场与袖珍公园等精致小巧的公共空间一起，共同构成城市中的公共空间网络。这样点式网络化开放空间它们占地不多，形式多样，星罗棋布，整体连续，穿插于高密度的城市空间中，不仅提高了整体城市空间环境质量，而且有利于促进邻里交往，满足人们多层次、多样化的需求。

三、结语

城市的发展充满了不确定性，城市更新也是一个极其复杂的系统工程，本文所探讨的仅仅是其中的一个方面，它的建立需要与其他城市要素共同作用与相互配合才能形成，因此还有待于进一步更深入的研究探讨。

参考文献

[1]王建国. 现代城市设计理论及方法. 东南大学出版社，2001

[2]吴明伟，孔令龙等. 城市中心区规划. 东南大学出版社，2000

[3]谷迎春主编. 中国的城市病——城市社会问题研究. 中国国际广播出版社

[4](日)芦原义信. 街道美学. 尹培桐译. 华中理工大学出版社，1985

[5]吕海虹，张杰. 也谈城市街区——读C. 莫尔《城市设计：绿色尺度》. 世界建筑，2001(6)

[6]缪朴. 高密度环境中的城市设计准则. 竺晓军译. 时代建筑，2001(3)

作者单位：苏州科技大学建筑城规学院

# 历史文化村镇中的基础设施和公共服务设施问题
## ——以河北省蔚县上苏庄村为例

Infrastructures and Social Services in Historical Village Preservation
A Village Survey

王韬 邵磊 Wang Tao and Shao Lei

[摘要]本文通过对河北省上苏庄村的实地调研,对历史文化村镇保护中的基础设施和公共服务设施现状进行了分析,提出了历史文化村镇保护应该以村镇生产生活水平的提高为目标。根据目前公益性设施严重落后的现状,提出通过政府主动干预和发掘传统村庄合作组织来建设和管理村镇基础设施和公共服务设施的建议。

[关键词]历史文化村镇、基础设施、公共服务设施、政府干预、农村传统合作机制

Abstract: Based on a fieldwork conducted in Shang Su Zhuang Village, Hebei Province, the paper analyzes the present conditions of infrastructure and social services in the surveyed village and concludes that these facilities, especially those non-for-profit ones, are severely underdeveloped. The author suggests effective intervention of government be introduced and traditional ways of financing and management of public affairs in rural China be given adequate recognition as solutions to this matter.

Keywords: historical villages and towns, infrastructure, social services, governmental intervention, traditional collaboration mechanism

涉及村镇历史文化保护与发展,基础设施和公共服务设施似乎是相当外围的问题。但是事实上,村镇历史文化保护的目的并非是使居民处于一种停步不前的原始生活状态,而是在实现经济和生活水平提高的同时,保护村镇的传统文化。因此,和村民生产生活密切相关的基础设施和公共服务设施水平的提高既是发展的基础也是发展的目标。其重要性在于,一方面,村庄现有的基础设施和公共服务设施水平是历史文化遗产保护工作的基础,也决定着未来引入旅游业等发展内容的可能性;另一方面,开发历史文化遗产资源,最终的目标是使村庄获得新的经济发展动力,从而提高各种设施水平,改善农村的生产生活条件。在目前的历史文化村镇保护研究工作中,基础设施和公共服务设施往往被认为是一个次要问题。鉴于其重要性,通过在河北省历史文化村镇保护研究课题中开展的村庄调研,本文在此作一个专门的探讨。

一、上苏庄村概况

蔚县上苏庄村位于河北省的西北部。蔚县与北京之间交通距离约260km,而上苏庄村距离蔚县县城12km,位于蔚县南侧的太行山余脉山脚下。上苏庄村共1859人,有登记人口615户,耕地6815亩,村庄经济以农业为主。

1.上苏庄村的地理位置（来源：作者根据Google地图绘制）

在村庄的东南部靠近太行山的高地上，坐落着一座仍然保留着传统形制和建筑的古堡。古堡始建于明代，是村庄当时的范围。出于防御的原因，古堡被长方形的堡墙围绕，堡门在东侧，朝向蔚县县城的方向。自1949年以来，村民陆续搬出古堡，在古堡东侧通向县城的主要道路两侧形成了新的村庄，其规模已经远远超过了古堡本身。古堡内的建筑被逐渐废弃，现在只有零星几家院落仍然有人居住，大多是失去劳动能力的老人。

从基础设施和公共服务设施的角度来看，河北蔚县上苏庄村经过这些年的发展，古堡内外已经形成了两个世界。现代化设施惠及的基本上都是堡外新发展出来的部分，而古堡内基本上处于一种停滞、衰退甚至接近被废弃的状态，但这并不意味着古堡外的村民实现了一种现代化的生活。虽然电力、自来水等现代设施已经得到了相当程度的普及，但实际上古堡外居民的生活环境可能还不如现代生活尚未到来的时候。例如，在垃圾处理方面，通过历史资料的研究我们注意到，中国农村地区从过去到现在一直处于一种垃圾自然循环消解的状态，没有专门的垃圾收集和处理设施。而现代生活带来的问题是，村庄环境再也无法利用自然过程来消解现代生活中使用的工业产品带来的废弃物。由于没有相应的基础设施来配合农村生活生产方式中使用的物质资料及其产生的废料成分上的变化，上苏庄村古堡外的村民事实上生活在现代生活所带来的废物和垃圾包围之中。

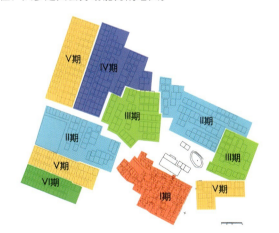

2.上苏庄村村庄历史发展阶段
来源：河北省历史文化村镇保护课题组绘制

3.上苏庄村的古堡（来源：作者）

4.古堡内的三义庙（来源：作者）

上苏庄村呈现给我们的是两个场所的并置：一个是被毫不犹豫地抛弃的过去（古堡）和一个诸多不足的现在（新村庄）。当然，衡量进步或者退步并非本课题的目的。我们对于村庄基础设施和公共服务设施的考察有两个出发点：一方面，从使村民达到一种现代化的生活水平考虑，村庄的基础设施和公共服务设施现状中存在着哪些问题；另一方面是，基础设施和公共服务设施的现状和未来发展在哪些可能的方面会影响到村庄历史文化遗产的保护。

### 二、方法和概念

本课题的核心是村镇历史文化的保护和发展，基础设施和公共服务设施部分的调查是围绕此核心问题所展开的一系列研究中的一个方面。由于并非这次调研的重点，因此发放问卷和入户访谈基本上没有涉及这方面的问题。在具体工作中，针对这部分内容的调查方法是非量化（qualitative）的现场观察和代表人物（村干部和村民）访谈。因此，本文并非一份专门的、量化的基础设施和公共服务设施研究，而是描述性的、背景性的介绍和分析，在此基础上形成的结论需要进一步研究的支持。

对于基础设施和公共服务设施的定义，在这里我们使用了清华大学建筑学院住宅与社区研究所主编的《村镇社区规划与设计》（2007）一书的概念和分类。基础设施分为道路、供水、排水、电力、电信和能源。公共设施分为管理设施、教育设施、文体设施、医疗设施、商业设施、集贸市场、休闲设施和其他设施（应急防灾和宗教宗族等设施）。

### 三、基础设施调研

#### 1.道路

道路是经济发展的基础，是人员与物资流动的管道。从蔚县出发到达上苏庄村的公路有12km，其中从县城出发的前一半是水泥公路，而剩下的一半是非常糟糕的土石路面。

村庄内道路是村民集体的生活空间，也是众多基础设施的载体。上苏庄古堡内保持着传统的道路格局，由南北和东西两条主路形成传统的十字轴线骨架，宽度在3～5m；再下一级的小巷都是南北走向的。入户门基本都开向院落东侧的小巷，宽度在2m左右。路面是土路，只是在宅院出入口的地方铺设石头。

古堡外的道路基本沿袭了古堡内的主干路加南北向次路的模式，由一条10～15m左右的主干路、若干6～8m的次干路和3～5m的小巷组成。道路没有硬化，以土质路面为主，没有排水设计，主要利用自然地形排水。部分路段兼具泄洪功能，两侧有砌石护堤，路面夹杂大量石块。我们可以设想，在极端天气状况下，这些道路的通行能力都是极差的。

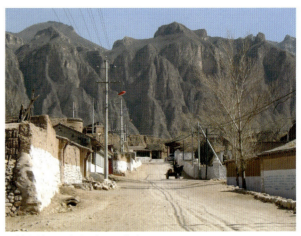

5.村内的主要大街（来源：作者）

#### 2.给水

上苏庄村的水源是地下水。在村东侧的一块高地上，有作为整个村庄水源的水井。据村干部介绍，整个村庄的自来水入户率已经达到了70%，但是古堡内的院落普遍没有做到自来水入户，只有两个集中的自来水管。堡内村民的取水方式是挑水或者驴车拉水。出于防御的考虑，古堡位于周围地形的制高点，这也是自来水难以进入的一个原因。

但是，即使水管入户了也并不代表一种真正意义上方便的使用。古堡外的自来水只是做到了入院，但是并没有进入厕所、厨房、盥洗室等用水房间，只是在每家的院子里设置一个水龙头。这样的解决方案带来的不仅是使用上的不便，同时因为冬天的水管结冰问题，村民只好在院子里挖掘一个井，自来水管从水井中伸出，上面加盖，在结冻的天气里，从井中取水。这使得自来水的使用非常不便。给水的另外一个问题是收费，因为没有各户独立的水表，水费是分摊到电费中去的，上年按照每度电0.197元的标准收取。

总的结论是，虽然自来水在村内达到了相当高的普及率，但是由于没有完整统一的规划和切实可行的入户方案，现在的给水系统并没有真正使村民过上现代化的生活。

6.院落内的自来水（来源：作者）

#### 3.排水

排水包括了雨水和污水两部分内容。在上苏庄村的解决方案中两者是混合的，或者更准确的描述是，两者都没有实际意义上的解决方案。

前面提到，古堡位于一个突出的制高点，因此虽然是土质的路面，但是结合道路坡度和入户处的石子铺面，古堡内的排水情况明显好于古堡外的新区，路面保持了干燥平坦的状态。

在古堡以外的地方，虽然我们调研期间没有遇到降雨，但是可以观察到，其采用的是最原始的地表排水。由于没有道路竖向设计，其排水功能非常差。

污水则是从院落内直接排到相邻的路面上，最终流向村外。但是，这只是期望的效果。如同前面所说的，由于缺乏竖向设计，道路上可以看到常年不消的积水。显然，这些积水的来源不是雨水，而是从各家各户排出到路面上频繁而少量的、无法及时排出的污水。

7.街道上废弃的雨水管（来源：作者）

8.院落内的污水直接排到街道上（来源：作者）

### 4.电力

上苏庄村的电力普及达到了100%，是基础设施各项中普及程度最好的。但是其代价是，村民必须支付0.49元/度的电费，而北京城市生活用电的价格是0.45元/度。可以想象，这个价格对于收入拮据的村民是极其昂贵的。因此，除了电视以外，村民家中基本看不到其他的电器。

由于此次调研没有涉及各户的用电量和家用电器数量，因此无法对具体家庭用电的状况作出评估。从电力设施水平来看，到处可见的电线杆与随意拉设的电线，不仅存在很多安全隐患，对古堡的景观也造成了一定程度的影响。

9.电力设施（来源：作者）

### 5.电信

村内有一处集中的电话交换机房，在登记的484户院落中，有接近200户安装了固定电话，这个比例是相当高的。安装固定电话的价格是每月30元的座机费，再加上具体的通话费。

上苏庄村有良好的移动网络覆盖。在村东侧的高地上，紧挨着水源的南侧，有中国移动的发射塔。相对于有线电话复杂的线路规划和铺设工作，移动电话的普及有很明显的优势。但是，其劣势也同样明显，那就是服务价格的问题。在上苏庄村，除了村长以外，我们很少看到有人使用移动电话。

10.村庄有着良好的移动网络覆盖（来源：作者）

### 6. 能源

蔚县是著名的产煤区，煤也是家庭能源的主要形式。此外还有传统的秸秆等农产品的剩余物，被用作取暖、烹饪的燃料。煤渣的获得方式尚不清楚，秸秆等是免费的，但是肯定不足以支撑整个家庭的能源需要。至于使用太阳能的例子，我们在调研期间没有看到。

11.蔚县产煤，煤也是上苏庄村使用的主要能源（来源：作者）

### 7. 厕所和垃圾处理

由于粪便是田地所需有机肥料的主要来源之一，因此当地发展出了一种很有特点的厕所建筑形式。厕所一般布置在院落靠近街道一侧，除了对应院落内日常使用的门之外，在街道的院墙上还有专门的开口，以方便取肥。虽然所有的厕所都是旱厕，但是由于传统农业生产方式改变不大，粪便都被当作肥料使用而就地消化，因此即使没有专门的管道，除了气味以外，厕所在当地并没有造成明显的环境问题。这也说明了生产生活方式上的变化，使得村庄对不同类型的基础设施拥有不同的要求。

垃圾从另外一个方面说明了这一点。村庄内垃圾随处可见，大多数是无法自然降解的包装盒、塑料袋等现代化工产品。从这些垃圾可以看出，农民的生产生活中正在越来越多地使用工业产品，这在某种程度上说明了农村生活的进步。然而，这些工业产品带来的垃圾废物再也无法像以前的土产品一样被自然环境降解吸收，从而对农村垃圾处理设施提出了新的要求。

12.几乎被垃圾和泥水覆盖的村庄街道（来源：作者）

## 四、公共服务设施调研

### 1. 管理设施

上苏庄村的行政管理部门是村民委员会，位于一个坐落在古堡西门外、旧戏台对面重要位置的四合院。据村干部说，这里以前是一个道家的"三清殿"。村委会正在和投资商接洽，打算投资重修三清殿，发展成一个旅游项目。因此，村西头入口处正在建设新的村委会。村委会主要有三位成员：支书、村长和会计，负责村内所有的公共事业。由于张石高速公路从上苏庄村的南侧经过，征用了一部分村庄土地，村委会眼下的一个任务是丈量土地，分配补偿费用。

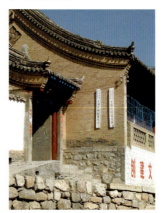

13.上苏庄村委会（来源：作者）

### 2. 教育设施

由于人口较多，上苏庄村设有一所小学，有状况较好的平房教室和宽大的操场。

14.上苏庄村小学（来源：作者）

### 3. 文体设施

村内主街一侧开辟了一块供健身活动使用的场地，有各种健身器械，但是据我们几天来的观察，基本没有人使用。

村委会的对面是上苏庄村的老戏台，已经不再使用。在古堡的北侧高墙下，有一座新建的剧院，一直上着大锁。据了解，其只在逢年过节等特殊情况下才开启使用。

村内有几个台球桌，但是在农闲季节里村里的年轻人都去了外面打工，因此没有见到有人打台球。两三个电子游戏厅都集中在小学的周围。

15.上苏庄村剧场（来源：作者）

4.医疗设施

村内的医疗设施是几个私人诊所，可以治疗简单的疾病，提供一些基本的西药，有的还兼有中药房的作用。大病还是要到镇上或者蔚县县城去看。

16.上苏庄村私人诊所之一（来源：作者）

5.商业设施与集贸市场

本村的集市情况不太清楚。现有的商业设施主要有小百货商店（供销社）、餐馆和一些沿街叫卖的游商，商品都是一些基本生产生活用品和食品。

17.上苏庄村百货商店（来源：作者）

6.宗教宗族设施

从现有宗教建筑遗存上看，上苏庄村一度是一个宗教活动非常发达的地方，佛寺、道观、关帝庙、三义庙等建筑都还存在，但是有的已被挪作他用，有的已经停止使用，历史上的宗教活动已经基本不复存在，只有个别设施在传统节日期间还会使用。近年来，宗教活动有复苏的迹象，村内现有募捐形式建造的佛寺一座，常年有香火，有一些老年的信徒经常参拜。

18.上苏庄村惟一有香火的佛寺是2000年新建的（来源：作者）

五、分析：现代生活与历史原因

通过以上现场情况的观察，我们看到：基础设施与公共服务设施中，营利性设施状况较好，而公益性设施普遍欠缺或水平低下。以基础设施为例，营利性基础设施指的是可以进行计量收费的基础设施，比如：自来水、电力、电信；公益性基础设施指的是那些无法计量使用状况而针对性收费的设施，比如：道路、排水、垃圾等。我们观察到，在上苏庄村，由于没有明确的投资、建设、运营和管理机制，无法直接收回成本的公益性基础设施水平非常落后，直接影响到了村民的生活质量。此外，我们还注意到，农村生产生活方式的变化，对于各种基础设施和公共设施提出了新的要求，也使得在历史上发挥作用的传统解决方案失效，使得问题进一步加剧。

那么在历史上，农村的基础设施和公共服务设施是如何解决的呢？目前，我们还没有找到涉及传统农村社会相关设施建设管理问题的专著，但是在一些对于1949年以前中国农村的人类学研究中，可以看到一些相关联的描述。从这些研究中可以看到，在中国传统农村社会中，宗族是村庄公共事业开支的支付者。"宗族组织的元素包括祖先信仰与仪式、继嗣观念与制度、家族公产等"（王铭铭，社会人类学与中国研究，2005，73）。弗里德曼认为，传统中国承认两种财产：私产和祖产。祖产是一个家族的公田，其土地的产出用以支付祖先祭祀和各种社区福利。作为一种小型的自治组织，宗族必须拥有一定份额的共有财产，以便适应地方公共事业的开支，族田的制度才因此发展起来（王铭铭，社会人类学与中国研究，2005，76）。可以看到，历史上村庄的公共事业基本上都是由一些合作性的自治组织来建设管理的，例如宗族、宗教和水利等自发组织。但是，1949年以后的土地改革运动没收了祖田、捣毁了寺庙祠堂，从此村庄公共事业的传统支付与管理方式就不复存在了。

| 村庄 | 宗族 | 户数 | 耕地亩数 |
|---|---|---|---|
|  | 王 | 51 | 1 |
|  | 马 | 30 | 3~4 |
|  | 吴 | 18 | 3 |
|  | 李 | 9 | 1 |
| 沙井(1941) | 杨 | 14 | 4① |
|  | 李 | 14 | 8 |
| 寺北柴(1941) | 郝 | 40 | 3+ |
| 冷水沟(1941) | 王 | ? | 2~3 |
| 侯家营(1942) | 侯 | 84 | 2 |
| 吴店(1942) | 禹 | 12 | 6 |

19. 河北、山东6个村族产最多的宗族所有耕地
来源：《华北的小农经济与社会变迁》，245

1949年以后，中国逐渐围绕工业化目标建立了计划经济体制和城乡二元人口管理制度，从那时起，农村的基础设施和公共服务设施就被认为不属于国家基本建设投资的范畴，其一直处于一个无人扶持、自生自灭的状态。一方面，传统的农村基础设施和公共服务设施解决方案随着社会改革逐渐消失；另一方面，随着现代生产生活方式逐步渗透到乡村，对于农村的基础设施和公共服务设施提出了前所未有的要求。供给的萎缩和需求在质和量上的变化，加上长时间的问题积累，使得农村基础设施和公共服务设施成为愈来愈严重的问题。

20世纪70年代末的经济体制改革以来，在一些原属于国家基本建设投资的领域，如电信，逐步引入了市场竞争机制。由于竞争对手都在拓展市场的初期不遗余力地试图在设施建设方面领先对手，这就造成了移动电话网和有线电话网在农村地区相当高程度的普及。供水、供电等部门也逐步转变为国有化企业，由于能够计量收费，因此水和电的普及也是有动力的，只是在服务水平和技术水平上与城市相比有所欠缺。除此之外，在城市地区，道路、排水和污水管道、垃圾处理等方面的基础设施仍然是政府公共福利事业的一部分，由政府负责投资、建设、管理和运营，而在农村地区这部分投资的来源一直没有明确，因此仍然处于一种无人问津的状态。时至今日，恰恰正是这些公益性基础设施和公共服务设施的改善，才是提高农村生活水平的关键。

## 六、结论

本文是对上苏庄村调研的一个初步成果，很多观察和初步结论还需要进一步调研数据的支持。就对问题的初步了解来看，我们可以形成以下结论：

1. 基础设施和公共服务设施是改善农村住区生活环境质量的关键。而目前，投资、建设、运营和管理机制严重滞后，不能满足村民生产生活方式向现代化转变的需求。

2. 历史文化村镇保护和通过旅游业等产业促进地方经济的策略，也需要相应的基础设施和公共服务设施的支持，而目前这些设施整体发展水平严重滞后，不能为村镇历史文化资源的开发利用提供有力的支持。

3. 目前农村基础设施和公共服务设施发展基本上处于一个放任自由的状态。引入市场竞争机制的设施相对水平较好，可以收费的设施也基本上能满足使用，但是公益性设施建设水平非常落后。

需要强调的是，以上结论并不代表简单地对公益性基础设施采取市场化策略就可以解决问题。相反，公益性基础设施由于其自身的特点，往往是市场化手段不能奏效的领域，它们需要政府直接有效地干预投资、建设、运营和管理等环节；另一方面，农村公益性设施的建设也需要村民的自觉合作与参与，历史上村庄公共事业的传统合作性机制值得借鉴。

参考文献

*[1] 村镇社区规划与设计编写组. 村镇社区规划与设计. 北京：中国农业科学技术出版社，2007*

*[2] 黄宗智. 华北的小农经济与社会变迁. 北京：中华书局，2000*

*[3] 王铭铭. 社会人类学与中国研究. 南宁：广西师范大学出版社，2005*

作者单位：清华大学建筑学院

# 深圳"新地标"
## ——京基金融中心
### New Landmark of Shenzhen Jingji Financial Center

项目类别：甲级写字楼、六星级豪华酒店
位　　置：深圳罗湖区，地处金融、文化中心区
总建筑面积：58万$m^2$
建筑高度与层数：高439m，地下4层，地上98层
建设单位：京基房地产开发有限公司
方案及初步建筑设计：泰瑞·法瑞建筑设计有限公司
方案及初步工程设计：奥雅纳工程顾问有限公司、华森建筑与工程设计顾问有限公司
设计顾问公司：广州容柏生建筑工程设计事务所
结构设计单位：华森建筑与工程设计顾问有限公司（中国建筑设计研究院）
结构负责人：张良平、范重、任庆英
结构设计人员：曹伟良、项兵、郑竹、李焱、沈捷攀、顾建、郭永兴、马臣杰、武芳、刘先明
设计时间：2007~2008年

深圳作为贴近香港的经济特区，处在对外开放、与国际接轨的前沿，有更多的机会和空间吸收、接纳国际的先进理念，使得其建筑设计一直处在较高的水平。在建筑造型、风格、结构、设备及管理等方面，都有不同程度的创新实践。

近几年来，深圳建筑设计企业凭借着超前的建筑技术和现代的服务意识，为全国建筑市场的繁荣发展作出了贡献，诸多先进的设计思想和理念从深圳走向全国。与深圳经济特区同年的华森，见证了这座城市奇迹般的成长历程，也为其早期的建设作出了很大贡献。在特区建设初期，华森曾创造了深圳建设史上的多项"第一"，其每一步始终与深圳的发展息息相关。

而现在，作为华森设计经验与综合实力的展现，在建的深圳第一高楼——京基金融中心无疑也将成为深圳设计的"新名片"。

京基金融中心形似喷泉与瀑布，坐落于深圳市罗湖老城区蔡屋围，高439m，层数98层，总建筑面积58万$m^2$，建成后将成为华南第一高楼，也是目前世界上最高的建筑之一。它建构了深圳的城市天际线，成为该经济特区未来的"新地标"。

加强国际合作，形成组合型的竞争优势，一直是华森提升竞争能力、参与国际竞争的有效手段之一。在此项目中，华森联合英国泰瑞·法瑞建筑设计有限公司，奥雅纳工程顾问有限公司，以及中国建筑设计研究院、广州容柏生建筑工程设计事务所等国内外顶尖的设计团队，共同挑战设计新高度，取得了令人瞩目的成功。

大厦共有4个功能分区。其中第1~3层形成了宽阔的大堂空间；第4层设置了酒店宴会厅、相关功能区和餐厅，可从大厦大堂或同楼层的商场通道进入；第5~74层是大厦主体，为甲级写字楼；顶部第75~97层设六星级豪华酒店，设有大约250套房间以及与酒店相关的餐厅（包括设置在大厦最顶部的特色餐厅和餐饮吧）。

超高层建筑技术先进，设计复杂，尤其对结构设计的要求更高。京基金融中心的结构高宽比达到9.5，设计难度很大。华森为此进行了大量专项分析、研究与测算，且均达到了国际一流水准。大楼采用了三重结构体系抵抗水平荷载，它们由钢筋混凝土核心筒、巨型斜支撑框架及构成核心筒和巨型型钢混凝土柱之间相互作用的三道伸臂桁架及五道腰桁架组成。具体如下：

• 钢筋混凝土核心筒，从承台面伸延至办公楼顶层。核心筒到酒店层下面便终止了，取而代之的是由下面核心筒支撑的结构体系，使得酒店区可以设有开放式中庭。向内倾斜的内框架置于酒店客房及走廊的外墙中间，将补偿去掉核心筒后所需的抗弯刚度以抵抗侧向力。

• 巨型斜支撑框架，设置于大楼东西两侧的垂直立面上，采用交叉型式。周边框架由型钢混凝土柱及型钢组合梁组成。南北面的型钢混凝土柱从承台面至38层微向外倾斜，然后自第38层上配合总体建筑布置向内倾斜。采用型钢混凝土柱可增加框架的延性，同时亦可减少柱截面从而提高使用率。

• 五道腰桁架、三道伸臂桁架。五道腰桁架沿塔楼高度均匀分布，结合避难及设备层，增加了外框架的抗扭性能，从而减低扭转效应在地震作用下的影响。三道伸臂桁架则设于第37~39层、第55~57层、第73~75层，在核心筒内贯通，加强了结构的整体性，增大了结构的抗侧刚度。

此外，大厦还采用了新型节能环保材料，以实现高效节能。

总之，先进的技术和完善的设计确保了建筑的安全性、舒适性和经济性。

夜间鸟瞰图
NIGHT TIME AERIAL PERSPECTIVE

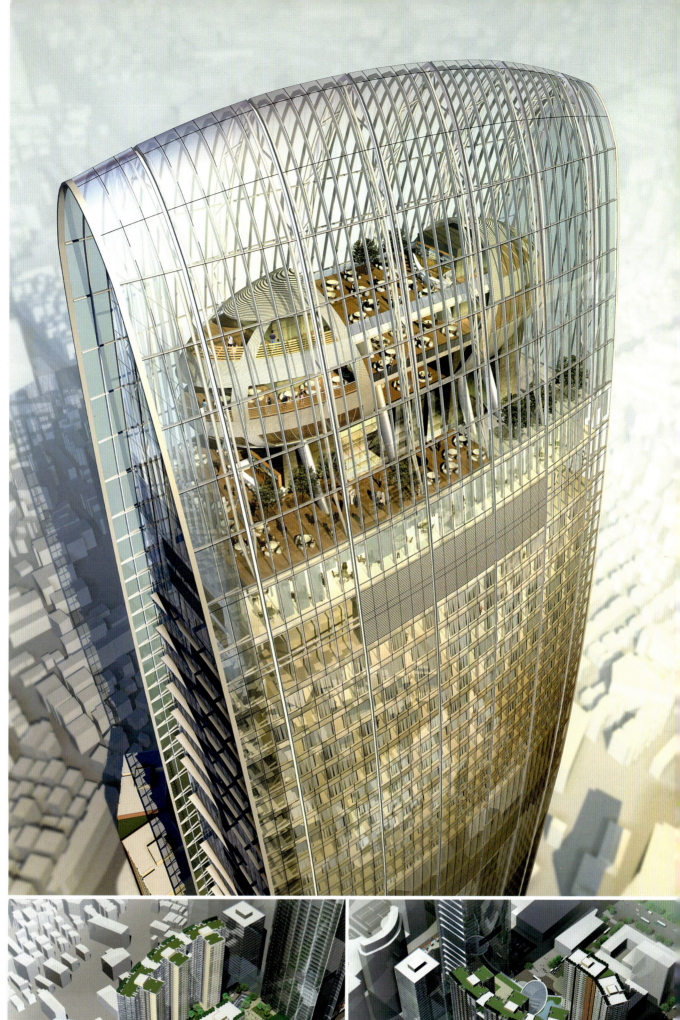

澳大利亞道克設計咨詢有限公司
DECO-LAND DESIGNING CONSULTANTS (AUSTRALIA)

| | |
|---|---|
| 重庆 御景天成项目 | 2005年首届中国建筑文化年度魅力楼盘 |
| | 2005年经典人居10大名盘 |
| 山西 阳泉 御康山庄 | 荣获中国地产金砖奖2006年度别墅大奖 |
| 泸州波士顿国际项目 | 荣获2007年度人居经典大奖--中国地产金砖奖 |

# DECO-LAND 道克設計
## DESIGNING CONSULTANTS

DECO-LAND DESIGNING CONSULTANTS was founded in 2001, it is a architectural design consultant in New South Wales of Australia. It works with progressional ideas and wonderful production. It has series of sophisticated works in Australia, North American、England and Southeast Asia.

# 08

DECO-LAND 道克 设计因人而异 生活因我而变
DESIGNNING CONSULTANTS(SHENZHEN)

地址：深圳市天安数码城天吉大厦 A8A1
Room 8A1 8th floor Tower A TIANJI Building SHENZHEN TIAN AN CYBER PARK
TEL:0755-83869932 FAX:0755-83869959
WEB:WWW.DECO-LAND.COM
E-MAIL:SZDECOLAND@VIP.163.COM

＊道克诚聘：外籍建筑／景观设计师 资深建筑设计师 助理建筑设计师 园林／景观设计